화성에서 만난
오래된 씨앗과
지혜로운 농부들

# 화성에서 만난 오래된 씨앗과 지혜로운 농부들

화성푸드통합지원센터 기획·변현단 지음

시금치

감사의 말

# 화성 로컬푸드의
# 이야기를
# 들려드립니다

(재)화성푸드통합지원센터는 화성시에서 6개의 로컬푸드 직매장을 운영합니다. 그중 봉담 로컬푸드 직매장이 본점으로서 유일하게 토종 농산물을 판매하고 있지요. 토종은 씨앗도 귀해서 키우는 분도 적고, 소비자들에게 낯설기도 해서 시중의 일반 농산물보다 소비량이 많지 않기 때문입니다.

　그런데도 봉담 매장에는 10월부터 '끼묵(께묵)'이라는 화성의 토종 채소가 겨울까지 굳건히 자리를 지키며 소비자들을 기다리고 있습니다. 요즘 젊은 사람들에게는 께묵이라는 이름만 아니라, 맛도 생소하기에 주로 50~60대가 주 고객입니다. 기억 속에 이름도 가물가물하시지만, "어! 이거 그거네!" 하며 반가워들 하십니다. 이분들은 아마도 날씬한 도라지나 더덕처럼 생긴 여러 갈래의 께묵 뿌리를 살짝 데쳐서 초고추장에 무쳐 주시던 어머니의 '께묵 초무침'이 입에서 톡톡 터지던 그 맛을 기억하고 있을 테지요.

　쌉싸름한 그 맛의 성분을 분석한 결과, 인삼에서 주로 발견되는 약리 성분이 많이 나왔다고 합니다. 그렇다고 하니 께묵은 더욱 널리 알리고픈 화성의 토종 로컬푸드라고 할 수 있습니다. 올 여름 사과참외도 토종 로컬푸드 매대에서 히트 상품으로 자리를 잡았습니다. 그밖에도 올봄부터 지금까지 유채, 뿔시금치, 개세바닥상추, 곰보배추, 게걸무, 구억배추, 황파 등이 토종 매대의 자리를 채우고 있습니다.

우리가 대대로 키워온 농작물들이 최근 많이 사라지고 있습니다.

2009년 발간된 한국토종작물도감(안완식 지음)에는 2500여 종의 토종 작물이 소개되어 있는데, 이는 적어도 2009년까지는 그 이상의 토종 작물이 우리 땅에서 재배되었다는 것을 의미합니다.

그로부터 7년이 지난 2016년부터 2017년까지 저희 화성푸드통합지원센터는 비교적 옛 모습이 보존된 제부도와 도시화의 핵심에 있는 동탄을 기점으로 화성 지역을 동서로 나누고 〈토종씨드림〉 단체와 함께 토종 씨앗을 수집하였습니다. 총 270개 품종의 602점이 기증되었는데, 대부분 병충해에도 강하고 지역민들의 입맛에도 맞아 텃밭에서 재배해 즐겨 먹던 먹거리들의 씨앗을 나눠주신 것입니다.

수집된 씨앗은 화성시 로컬푸드 직매장에 농산물을 출하하는 화성의 농민들에게도 나눠드렸고, 그분들도 함께 키워 토종 농산물 매대에 내놓고 계십니다. 그 양이 얼마 안 되는 품목들은 내다 팔기보다는 씨앗을 받아서 보급하는 용도로 이웃과 로컬푸드 직매장에 기증하고 있습니다.

우리는 급속히 사라지는 토종 농산물을 지키는 일의 일환으로, 토종 씨앗을 간직하고 농사짓는 농민들의 이야기를 한데 모은 이 책으로 나누고자 합니다. 또 이 이야기들이 널리 알려져 화성 곳곳에서 화성 토종 농산물이 재배되고, 그리하여 변화하는 환경에 맞는 자가육종생산 체계를 갖추어 화성의 자산이 될 수 있길 바라고 있습니다. 소비자들에게도 똑같은 맛의 먹거리가 아니라 다양한 맛을 선택할 수 있음을 이 책을 통해 알려드리고 싶습니다.

화성에서 먹을거리 체계가 선순환 되는 구조, 즉 농가가 생산하고 – 농민이 가공하고 – 소비자와 직거래하는 체계로 전환될 수 있도록 우리 화성푸드통합지원센터의 역할을 다하겠습니다. 작은 성과로나마 로컬푸드 직매장에서 출하된 농산물의 신선도와 안전성은 인정을 받고 있습니다. 외부에서 조달되던 먹거리들을 지역 내 순환시스템으로 전환하는 종합 먹거리 전략인 '지역푸드플랜'이 정착된다면 농민의 권리와 식품 안전성이 보장되고 종국에는 그것이 지역의 복지로 돌아오리라 기대해 봅니다.

책 출간을 위해 아낌없이 지원해주신 화성시 서철모 시장님과 농정과, 그리고 농가 방문과 씨앗 수집, 스토리텔링 해 주신 〈토종씨드림〉과 변현단 대표님께 깊은 감사를 드립니다.

씨앗을 기증해 주신 어르신들, 땀 흘려 땅을 일구는 모든 농민들에게 이 책을 바칩니다. 그리고 지금을 살아가는 소비자들과도 이 책이 만날 수 있길 간절히 바랍니다.

2018년 10월 토종 배추가 자라는 밭을 바라보며
이원철 ㈜화성푸드통합지원센터 이사장

오래된 씨앗이
들려주는
지혜로운 삶을 찾아서

나는 ㈜화성푸드통합지원센터의 의뢰를 받아 2016년과 2017년 2년에 걸쳐 〈토종씨드림〉 활동가들과 화성시 관내의 242개 농가에서 보전하고 있는 73가지 작물의 270개 품종 602점의 씨앗을 수집하였다. 그리고 2년에 걸친 실태조사를 근거로 올봄에 열아홉 농가를 선정해 심층 인터뷰를 진행하였다. 그 내용을 엮어낸 책이 바로 이 책이다.

　1~2년 만에 인터뷰로 다시 만난 어르신들은 절반 이상이 80대를 넘어선 분들이었고, 이분들이 보전한 씨앗 품종도 수집 당시보다 현저히 줄어들어 있었다. 농사가 힘들어서 규모를 줄이거나 아예 종자를 없애 버렸기 때문이었다. 연세가 연로한 농가일수록 토종 씨앗도 빠르게 사라지고 있다. 씨앗만 사라지는 것이 아니라 그들이 지녔던 지혜들도 함께 사라져 가고 있다. 이것이 내가 한 해라도 빨리 전국 전역의 토종 씨앗을 수집하고자 하는 이유이다.

　한편 화성푸드통합지원센터의 활동은 모범적인 토종 씨앗 보전활동으로 꼽을 만하다. 로컬푸드(그 지역에서 생산되고 그 지역에서 소비되는 먹거리) 생산자들이 토종 씨앗으로 농사 지은 농산물들을 로컬푸드 직매장을 통해 소비자의 밥상에까지 이어지도록 노력하고 있기 때문이다. 하지만 복병이 없는 것은 아니다.

소비자들이 토종 농산물을 그다지 선호하지 않아서 오히려 농가에서 토종 씨앗을 포기하고 F1종자(서로 다른 품종을 조합한 잡종 1세대 씨앗)를 선택하는 경우가 많았다. 어느 농가의 인터뷰에서 나타난 것처럼 자급만을 위해서가 아니라, 생계를 이어나가기 위해 생산한 농산물들을 소비자가 찾지 않는다면 씨앗은 사라질 수밖에 없다. 그렇기에 토종 씨앗 작물들이 가진 강점을 소비자에게 알리고 이를 골고루 소비하도록 하는 것은 화성푸드통합지원센터의 중요한 과제가 될 것이다. 이것은 우리 농업의 중요한 과제이기도 하다. 토종 작물 판매대 설치와 씨앗 전시에만 머물 것이 아니라 직매장을 찾는 소비자들이 지속적으로 소비하여 농민들이 대를 이어 토종 농산물을 출하할 수 있도록 해야 비로소 '토종 씨앗의 현지 보전'이 구현되는 것이다.

따라서 이 책에서는 단순히 토종 씨앗이 중요하다는 것이 아니라 '왜 토종 씨앗을 포기하지 않고 계속 농사를 지어왔는지', 반면에 '왜 토종 씨앗을 포기했는지'에 대해 드러날 수 있도록 기술했다. 토종 씨앗을 포기한 것은 그들의 의지 때문만은 아니었다. 어느 날 마을회관에서 누군가로부터 '보급종'을 권유 받아 생산한 보급종자 농산물들이 농협이나 유통사의 힘으로 팔려나가게 되면서 토종 씨앗이 자연스럽게 밀려났다는 역설적인 사실을 인터뷰를 통해서 다시 한 번 확인할 수 있었다.

당근이나 개량 오이가 소득이 괜찮다는 것이 알려지자 인근 농민들이 너도나도 생산에 나섰고, 초기에 소득을 냈던 이들은 발 빠르게 다른 작물로 전화하는 방식이 상업농의 특징이다. 특히 도시 근교 농업이라는 장점을 가진 화성에서는 이런 사례가 종종 나타난다.

책은 같은 작물 품종이 겹치지 않도록 구성했으며, 되도록 요리 방법도 빼지 않고 실었다. 조선오이가 로컬푸드 직매장에 출하된다면 가시오이나 청오이에 익숙한 소비자들이 조선오이를 맛있게 먹는 방법을 알아야 소비할 수 있다.

또한 어르신들의 생애도 간략하게 다루었다. 어르신들은 씨앗이 사라지는 것처럼 삶의 방식이 변하면서 사람 냄새가 사라진 것을 아쉬워했다. 지금은 씨앗을 사서 쓰지만 씨앗을 받아서 농사를 지었을 적에는 맛도 좋았고 좋은 씨앗을 이웃과 나누었다. 씨앗뿐만 아니라 노동도 나누었는데, 씨앗을 사서 짓는 요즘 농사에는 품앗이도 사라졌다.

토종 씨앗이 사라지면서 가족과 마을 공동체도 사라지고 있다. 씨앗을 대물려 받았던 어르신들은 자식을 키우기 위해 뼈 빠지게 농사를 지었고, 팔순이 지난 지금도 자식들에게 농산물을 제공하고 있다. 씨앗을 대물려 줄 자식이 있다면 팔순 노인들은 손자들과 놀거나 인근에 쑥이나 캐러 돌아다녔을지도 모른다. 농사짓는 부모는 죽을 때까지 자식 바라지를 하게 되는 이 역설적인 현실은 씨앗을 대물림할 자식이 없기 때문이다. 어떤 어르신은 시부모로부터 조상에 대한 예를 배우고 나눔을 배웠지만, 당신 삶의 예와 지혜를 넘겨줄 자식은 더 이상 농촌에 없다. 씨앗만 단절된 것이 아니라는 것을 이 책을 통해 말하고 싶었다.

토종 씨앗이 처한 현실은 그다지 밝지 않지만, 화성시 토종 씨앗을 조사하면서 화성시에서만 보전되고 있는 토종 작물을 만난 것은 반갑고 다행스러운 일이었다. 이 책의 '하이라이트'라 할 만한 '뉴스'다. 이를 테면 '달갓, 갓무'와 같은 것이다. '달갓'이라는 특이한 명칭은 마을에서 오랜 세월 동안 만들어진 품종으로 마을 사람들이 그렇게 불러서 생긴 이름이다. '갓무'는 염전이 많았던 화성에서 염전 사람들이 즐겨 먹었던 별미 김치인데, 두 농가에서 이어져 왔다. '달갓'과 '갓무'는 갓과 유채, 배추와 같은 교잡 빈도가 높은 십자화과에서 새로 만들어진 품종으로 이 지역에서 이어져 온 것으로 추정된다.

화성푸드통합지원센터가 발간하는 이 책이 화성 토종 씨앗 수집을 갈무리하고 새로운 과제를 제기하는 첫 출발점이 될 수 있길 바란다. 이제는 로컬푸드 생산자들이 더 많은 토종 씨앗으로 농사를 짓고, 직매장에서 소비자들이 더 많은 토종 농산물을 찾도록 하는 일이 남았다. 소비자들에게도 이 책이 토종 로컬푸드를 만나는 작은 징검다리가 되기를 희망한다.

토종씨드림과 함께 화성푸드통합지원센터가 지난 3년 동안 해낸 일은 다른 지역 로컬푸드의 모범 사례가 되었다. 이제 화성시 로컬푸드 직매장에서 이 지역 토종 씨앗으로 재배된 농산물이 즐비해진다면 더할 나위 없이 완벽한 사례가 될 것이다. '화성시 로컬푸드 직매장에 가면 화성에서 대물림된 농산물을 만날 수 있다'는 것은 화성시에도 경제적 이득이 될 것이다.

인터뷰에 응한 어르신들 가운데 한두 분은 곧 농사에서 손을 놓을 수밖에 없는 상태였다. 그러나 그들이 남긴 씨앗들이 화성푸드통합지원센터를 통해 계속 보전될 수 있게 되었다. 그것만으로도 토종 씨앗을 지켜온 어르신들이 기뻐하시지 않을까, 나는 가만히 미소 지을 수 있었다.

씨앗은 사람을 통해서 더 잘 퍼진다. 화성시 로컬푸드 직매장에 '신덕순 할머니의 뿌리배추' 라는 이름이 붙은 배추가 놓여 있다면, 그것이야말로 이를 지켜온 신덕순 할머니에게 진심으로 감사를 표하는 일일 것이다.

2018년 10월 곡성 '은은가'에서
변현단

# 화성의
# 씨앗 부자

**김현례(88세)**
조선배추, 왜무, 토종 땅콩, 녹두 외

"땅은 똑같은 그 땅인데 지금은
왜 이렇게 버러지가 많은지 몰라."

김현례 할머니는 열여덟 살에 봉담면 와우리에서 남양리로 시집와서 여든여덟이 되도록 농사를 짓고 있다. 할머니는 그때부터 지금까지 한평생 '씨앗을 받아' 농사를 지었다.

2017년 화성 지역 토종 씨앗 수집을 위해 할머니 집을 처음 방문한 날, 할머니는 다양한 콩류를 중심으로 20여 종이 넘는 씨앗을 냉장고에서 꺼내 말리고 있었다. 한 지역에서 20여 종이 넘는 씨앗을 가진 분은 겨우 한두 분에 불과하기에 이럴 경우 우리는 횡재한 기분이 든다. 농사를 이을 자식이 없고, 언제 명을 달리할지 모른다며 씨앗을 한 아름 안겨준 김현례 할머니를 2018년에 다시 찾았다.

김현례 할머니를 찾아뵌 날은 마침 어버이날이었다. 특별한 날이라도 할머니를 찾아오는 손님은 거의 없었다. 할머니는 토방에 앉아 자식을 기다리듯 한참이나 나를 기다렸던 모양이다. 1년이 지났지만 할머니는 나를 알아보시고는 "씨앗 뭐 가져왔어? 배추 씨앗이나 알타리(총각무) 씨앗 같은 거 안 가져왔어?" 하며 다짜고짜 물었다. 내가 뭐 하는 사람인지 기억하고 있었던 것이다. 혹시 몰라 곡성에서 챙겨 온 모종을 늘어놓았다.

"갓끈동부, 사과참외, 차조기, 노각…."

갓끈동부는 갓끈처럼 길다고 설명하니 "아, 그거! 꼬투리 먹는 거."라고 하며, 몇 가지 모종을 직접 챙겼다. 토종 씨앗을 다루는 할머니들은 역시 토종 씨앗이라면 다 좋아한다.

연세에 비해 목소리가 기운찬 김현례 할머니는 얘깃거리가 끊임이 없다. 여러 종의 토종 씨앗을 오랜 시간 간직해온 할머니에게는 삶의 지혜가 한껏 묻어나온다. 할머니가 칠순까지 무와 배추를 많이 지어 팔았다고 하시기에 배추에 대한 얘기부터 꺼내보았다.

할머니 기억 속의 조선배추는 '꼬랑지가 있는 배추'다. '꼬랑지'는 배추 뿌리를 말하는데, 무보다는 작고, 보통의 배추 뿌리보다는 크고 통통하다. 요즘 우리가 먹는 결구되는 배추는 육이오전쟁 이후 본격적으로 등장했다고 한다. 할머니 말에 따르면 결구되는 배추를 '호배추'라고 부르게 된 것은 일본 사람들이 그렇게 불렀기 때문이다. 할머니 말대로 중국에서 들여온 호(胡)배추를 1958년 이후 계속해서 개량해서 나온 것이 요즘 우리가 먹는 속이 노란 배추다.

할머니가 기억하는 결구배추로는 '삼진배추'[1]가 있었다. 종자회사에서 속을 노랗게 개량하여 판매하던 배추다. 60년대에 삼진배추 씨앗을 사서 밭에 뿌리고 이듬해 씨앗을 받아서 배추 농사를 지었단다. 할머니는 '삼진배추'가 특별히 맛있고 좋았다고 했다.

할머니는 '다꽝'[2]을 만드는 왜무가 옛날에는 지금과 많이 달랐다고 기억한다. 당시 왜무는 땅 위에 올라온 부분이 시퍼런 색이 특징이었다.

"시퍼렇게 생긴 것이 맛있어. 옛날에는 목마르면 밭에 가서 무 뽑아 뚝 잘라 껍질 벗겨서 그냥 먹었지."

입으로 기억하는 왜무 맛 때문에 종자회사에서 파는 '왜무'를 사서 심었지만 옛날 맛도 나지 않고 모양도 완전히 달랐다고 한다.

"왜무라고 해서 사서 심었는데 심줄이 박힌 것도 많고 껍질이

---

1  삼진배추: 종자회사에서 결구배추를 삼진배추라고 명명해서 팔았다. 결구는 호배추나 배추 따위의 채소 잎이 여러 겹으로 겹쳐서 둥글게 속이 드는 것을 말한다.
2  다꽝은 김밥을 만들 때 넣는 노란 무짠지를 일컫는 일본말이다.

위의 왼쪽부터 오른쪽
으로 차례로 토종땅콩,
동부(광쟁이), 녹두, 찰
수수, 흰메수수, 흰(밤)
콩, 푸르데콩, 선비잡
이콩

벗겨지지도 않아. 지금 마트에서 파는 '다꽝'도 마찬가지야. 뻣뻣하고 맛이 없어."

원래 왜무는 작대기처럼 길고 껍질이 잘 벗겨지는 것이라고 한다. 그러고 보니 무 껍질을 손으로 벗기면 두르르 벗겨졌던 것이 요즘에는 잘 벗겨지지 않는다. 왜무를 다시 심어 땅 위로 솟아나는 부분이 파란색인지 확인해봐야겠다는 생각이 들었다. 그리고 할머니의 기억 속에 있는 '삼진배추'가 혹시 제주 구억리의 조세희 할머니가 50년이 넘도록 종자를 받아온 배추[3]와 같은 것이 아닐까 조심스럽게 유추해 본다.

배추와 무 얘기를 하다 보니 고추 얘기로 자연스럽게 넘어갔다. 할머니는 예순이 될 때까지 고추씨를 받아서 심었다고 한다.

"그전에는 각자 자기 집에서 고추씨를 좋은 것만 받아서 했어."

당시의 고추 농사는 비닐을 사용하지 않았고, 막대기 꽂을 줄도 몰랐는데 '저희끼리 의지해서 쓰러지지 않았다'고 한다. 물론 탄저병도 없었다.

그때는 배추와 고추 모두 똥거름을 사용해서 인근 학교 화장실에서 퍼온 똥으로 거름을 만들어 썼다. "내 똥을 3년을 안 먹으면 병걸린다는 말이 있지. 그래서 똥으로 키웠어."라고 하며, "요즘 사람들이 아픈 게 제 똥을 안 먹어서 그런지도 몰라."라고 덧붙인다.

"그 시절에는 사람이 직접 모든 것을 했어. 옛날 늙은이들은 주먹구구로 했지. 어림짐작으로 대충 하는 거 말이야. 지금은 기계가 하

---

3　제주 구억리에서 수집하였다 하여 '토종씨드림'에서는 품종 명을 '구억배추'라고 붙였다.

잖아. 사람이 얼마나 재주가 좋은 거야. 기계로 하는 거 보면 장난감이 하는 것 같아."

그렇다면 할머니의 농사 방식이 바뀐 것은 언제부터일까? 지금으로부터 26년 전, 할머니가 62세 되던 해에 비봉에 살던 사람이 고추 모종 100개를 주면서 비닐을 깔고 심으라고 권했다. 그때부터 비닐도 깔고 종묘사에서 씨앗을 사서 하우스에서 모종을 길러 심었다고 한다. 90년대 들어서야 매년 고추 모종을 사서 심고 비닐 멀칭과 지지대를 박는 지금 방식의 농사를 시작한 셈이다. 그 이후로 씨앗을 받아서 하는 농사를 급격하게 줄이고 자급용으로 참깨, 들깨, 메주콩, 오이 등 20여 종의 씨앗만을 받아서 해왔다고 한다.

그러나 20여 종도 작년 얘기다. 올해는 몸이 좋지 않기도 하고 쥐나 새 피해가 많아 밭에 심는 품종 수를 현저히 줄였다.

"작년에 녹두를 심었는데, 따야 할 때 아파서 안 땄더니 밭이 싹 망했어. 녹두도 짐승들이 다 먹어. 이제 늙어서 못해."

그렇게 녹두를 포기했다.

또한 평생 해오던 맷돌호박 씨앗을 심었는데 호박이 하나도 나오지 않고 호박씨 껍데기만 남았다. '여태껏 심어서 안 나 보기는 처음'이라며 원인은 알 수 없다고 했다. 그건 나도 마찬가지였다. 하우스든 노지든 누가 호박씨를 죄다 파 먹어버려 겨우 세 포기만 살려 심었던 터였다. 나중에 밝혀졌지만 내 집의 호박씨 도둑은 '쥐'였다.

할머니는 찰수수와 흰메수수도 해왔지만 '입이 꺼끌거려' 흰메수수를 포기하고 찰수수만 심겠다고 한다. 밥에 넣어 먹는 푸르데콩, 누런콩, 쥐눈이콩도 이제는 안하려고 한다. 할머니 몸이 부쩍 힘들어지는 것도 문제지만, 쥐나 새, 병충해 피해로 인한 작물 환경의 변화는 할머니가 심는 토종 씨앗을 매년 감소시키고 있다.

반면에 알이 작고 약간 붉은 토종 땅콩은 할머니가 애용하는 간식이므로 올해도 심었다. 작년에 수확한 땅콩을 볶아 방 한 구석에 두고 간식으로 먹는다. 우리에게 먹어보라고 내어주었는데 돌아갈 때는 한 줌씩 챙겨주기까지 했다. 그 외에 완두콩, '광쟁이(강낭콩의 강원도 사투리)', 노각을 심었다. 다른 파와 달리 어릴 때 더 맵고 맛있다는 황파도 여전히 밭에서 자라고 있다. 밭에 심는 가짓수는 줄어도 할머니는 여전히 장갑 하나 끼지 않고 맨손으로 일을 한다. 손가락 마디는 농사일로 굵어졌지만 손가락은 고르고 기운차게 뻗어 있다.

"저 박하가 나와 같이 늙은 거야. 백합도 그렇고."

할머니는 평생의 얘기를 간간이 들려주면서 팍팍하지만 인정이 많았던 시절의 그리움을 되짚는다.

"지나고 보니 그때가 사람 사는 거야. 도둑도 없고. 지금은 모두 돈을 줘야 하잖아. 상치 하나 내가 안 키우면 얻어먹기 힘든 세상이야. 옛날에는 지나가다 오이 하나 따서 먹기도 했지만 지금은 따서 먹으면 큰일 나지. 도둑으로 몰리잖아."

할머니는 인정머리 없는 세상을 탓하며 "땅은 똑같은 그 땅인데 지금은 왜 이렇게 죽고 버러지가 많은지. 옛날엔 새가 먹고 죽는 일도 없었는데…"라며 한숨을 내쉬었다. 농사짓는 땅마저 오염된 세상이 답답한 것이다.

88세. 녹록치 않은 연세다. 씨앗 얘기를 하다보면 어느덧 화제가 죽음으로 이어진다.

김현례 할머니와 나의 손(위), 구순이 멀지 않은 나이에도 젊고 활기찬 모습의 할머니

"옛날에는 심장마비로 금방 죽으면 불쌍하다고 했어. 지금은 심장마비로 죽으면 복 받은 거야."

그런 것을 예전에는 '급살 맞다'고 했다. 지금 노인들은 모두 '급살 맞아' 죽고 싶어 한다.

"내가 죽으면 아들이 들어와 살겠다고 했어. 그래서 연자방아뿐만 아니라 모두 다 없애지 말라고 했어."

일 년 사이 변한 것이 있다면 씨앗을 대물림할 핏줄이 생겼다는 희소식이다. 작년에 할머니한테 20여 종의 씨앗을 받았는데, 2018년 올해는 할머니의 토종 씨앗이 절반으로 줄었다. 작년에 받아온 할머니 씨앗은 우리 몫이 되었다. 할머니가 지켜온 토종 씨앗은 할머니의 몸이 쇠약지면서 줄어들고, 할머니가 돌아가시면 모두 사라질지도 모른다.

# 조상을
# 모시는 마음으로
# 나누는 씨앗

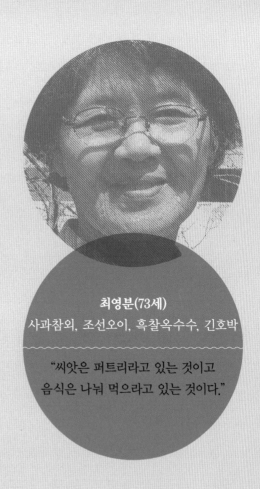

**최영분(73세)**
사과참외, 조선오이, 흑찰옥수수, 긴호박

"씨앗은 퍼트리라고 있는 것이고
음식은 나눠 먹으라고 있는 것이다."

씨앗을 수집하면서 알게 된 것인데, 전통적인 생활양식을 소중히 여기는 할머니는 토종 씨앗 보전도 남다른 경우가 많다. 최영분 할머니는 매년 가을 농사가 끝나는 음력 10월이 되면 뒤란(뒤뜰)에서 고사 상을 차려 감사의 예를 올린다. 고사를 지내고 나서는 마을 사람들에게 떡을 돌린다.

"우리 시어머니는 참 사람이 좋았어요. 마음도 넓고 있는 만큼 베푸셨어. 누구만 왔다 하면 떡을 하는 거야. 환갑 때도 떡국을 해 동네 사람들에게 돌리고. 그런 집은 우리 집밖에 없을 거야."

시어머니의 고사떡은 사람들과 나눠 먹기 위해 고사를 지내는 게 아닌가 싶을 만큼 푸짐했다. 그만큼 '나눔'이 일상사였다. 최영분 할머니는 '시어머니의 조상에 대한 예'는 '베푸는 손'에서 비롯되었다고 시어머니 자랑을 한껏 늘어놓았다.

"시집오기 전에 인사하러 잠깐 왔는데, 금방 떡을 절구로 찧어서 바로 주셨어. 그런 분이여, 하여튼."

그런 인심 좋은 시어머니를 받쳐주려면 며느리의 고생이 이만저만이 아니었겠다 싶었는데 의외로 "시집살이 별로 심하지 않았어."라고 한다. 오히려 시어머니는 며느리의 시아버지 봉양 정성을 타박하셨단다.

"아침에 시아버님 세숫물 떠다 바쳤죠. 우리 아버님이 나와서 세수를 안 하셔. 매일 불 때서 솥에다 밥을 하는데 먼저 세숫물을 떠다 드리고 세수를 하셔야 밥을 드시잖아. 새벽에는 술 한잔씩 가져다 드리곤 했어."

이렇게 최영분 할머니는 시어머니로부터 배운 것과 시아버지에

조선오이 씨앗(위 왼쪽) 과 사과참외 꽃(오른 쪽), 아래는 흑찰옥수수 밭의 모습

대한 봉양이 토종 씨앗을 보전하는 이유와도 크게 다르지 않음을 역설하는 것 같았다.

최영분 할머니의 먹을거리에 대한 신조는 '이 사람 저 사람 다 주기 위해서 차려내는 것'이다. 할머니가 만드는 고사떡에는 늙은 호박고쟁이(호박고지)가 들어간다. 시루에다 쌀가루와 호박고쟁이를 넣어 떡을 찐다. 호박고쟁이는 시어머니로부터 대물림해온 긴호박을 쓴다.

"옛날 긴호박은 겉이 노란 것도 있었어. 가을에 애호박 따먹기가 엄청 좋고 맛있어. 애호박도 기니까. 가을에는 호박고쟁이로 떡 해 먹고."

긴호박 외에 호박 중탕용으로 청호박을 재배한다. 청호박은 모양이 둥글고 겉은 파란색이지만 속은 빨간색이다.

대물림의 씨앗은 또 있다. 대물림한 '흑찰옥수수'에 대한 예찬은 끝이 없다.

"이 동네에서 나만 심어. 차지고 맛이 좋아."

시부모님으로부터 배운, 옥수수 찌는 법이 남다르다.

"옥수수 껍질을 벗겨 가마솥에 넣어. 간을 잘해야 맛있어. 소금 좀 넣고 시나당(뉴슈가처럼 단맛을 내는 화학 양념)을 좀 넣어. 싱거워도 맛없고, 짜도 맛없어. 물을 가마솥에 삼 분의 일 정도만 넣고 부글부글 끓으면 위에까지 물이 올라와 맛이 들어. 그럼 두 시간을 쪄. 그 물을 자글자글 졸여. 설 찌면 맛없어. 잘 쪄야 맛있어. 항상 가마솥에."

이웃 사람들이 '세상에 이렇게 맛있는 옥수수는 없다'면서 한 보따리씩 사간다고 한다. 할머니의 말씀대로 재래종 흑찰옥수수는 옛 방식대로 가마솥에다 '잘' 쪄야 형태와 제맛을 드러낸다.

"겉이 얇아서 부드럽고 색은 까맣고 반짝반짝해. 맛이 아주 차져."

대물림된 씨앗 외에 심어 봐서 맛이 좋고 괜찮으면 계속 씨앗을 심게 되는데 할머니에게는 사과참외가 그런 것이다.

재래종 참외는 '토종'이라는 것 때문에 호기심으로 심는 경우가 많지만 요즘 참외보다 당도가 낮아 인기가 별로 없다. 토종 중에 '사과참외'의 경우는 좀 다르다. 당도가 높아 인기 있는 토종 참외다. '토종 씨드림'에서 사과참외를 보급한 지 10년이 넘은 터라 지금은 상당히 많이 알려져 있다.

최영분 할머니가 사과참외를 심게 된 것은 15년 전으로 거슬러 올라간다. 15년 전에 한 아주머니가 정남면에 있는 농약사에서 사서 심었는데 최영분 할머니가 그걸 먹어보니 맛있어서 계속 심어오고 있다는 것이다.

"동그랗고 사과처럼 퍼런데, 노래지면 따먹으면 돼. 아삭아삭한 게 맛있어. 지금 그 사람은 씨앗을 다 없애버리고 없어. 시장에도 없어. 그걸 내가 여태 한 거야. 동네 사람들한테 심어보라고 나눠주었지."

최영분 할머니에게 음식은 나누기 위한 것이고, 씨앗은 '퍼트리기 위한 것이다. 조선오이도 마찬가지.

"발안면에 있는 우리 친정에서 오이를 했는데 좋다고 심어보라고 해서 가져와서 심었어. 그걸 내가 이 마을에 퍼트렸어. 조선오이는 아무리 날이 가물어도 쓰질 않아. 다른 노각은 쓰거든. 날이 가물면 꽁대기(꼭지)가 아주 써. 이건 안 써. 아주 아삭아삭한 게 맛있어. 하나 가지고 '오양치'(오이 생채)를 해도 양이 많이 나와. 속이 가늘고 두께가 이렇게 두꺼우니까. 지금 나오는 노각 오이는 씨가 있는 속은 굵고 생채를 해 먹는 부분이 얇아서 오양치도 많이 안 나와."

최영분 할머니의 오이는 가물어도 쓰지 않다는 것과 크기가 크다는 것 외에 또 다른 특징이 있다. 대부분의 오이는 금방 노각이 되지만 할머니의 오이는 시퍼런 상태가 오래가서 오이지도 해먹고 오이통지(오이소박이)도 해먹는다고 한다.

"네 갈래로 잘라서 소금 쳐서 잠시 숨을 죽여. 오이가 보들보들해지면 가른 게 쫙 벌려지잖아. 부추, 파, 마늘, 당근 그런 거 색깔별로 착착 썰어서 양념을 해. 액젓 넣고. 속에 소박이처럼 넣는 거야. 꾹꾹 눌렀다가 이삼 일 있다 먹는 거야."

그 밖에도 "소금으로 숨을 죽였다가 그놈만 꼭 짜서 살짝 볶으면 아작아작하니 맛있다"고 한다. 할머니의 오이 씨앗을 받아간 아주머니들이 이구동성으로 '팔아먹기 좋고, 오이도 맛있다'며 좋아한단다.

'씨앗은 퍼트리라고 있는 것이고 음식은 나눠 먹으라고 있는 것이다.'

그런 시어머니 밑에서 살았으니 최영분 할머니도 시어머니를 많이 닮아 있다. 자식은 부모를 닮지 않는가? 그래서 부모의 책무는 꾸짖고 가르치는 것이 아니라, 삶 속에서 행위로 보여주는 것이다.

"그걸 봤기 때문에 제가 이렇게 하는 거예요."

고사떡을 준비하는 마음은 조상을 잘 모시는 일이다.

"솔직히 말해서 조상을 잘 모시면 내가 원하는 대로 잘 되는 것 같아요. 그래서 내가 힘들거나 귀찮아도 항상 해요."

음식이란 이 사람 저 사람 다 주기 위해 차려내는 것이라는 최영분 할머니 모습

# 나는야
# 천생 농사꾼

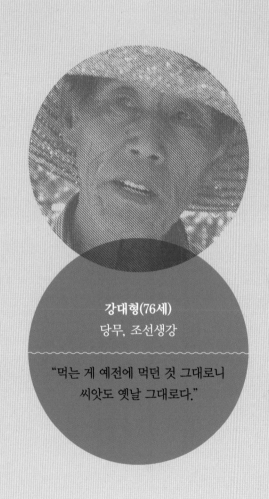

강대형(76세)
당무, 조선생강

"먹는 게 예전에 먹던 것 그대로니
씨앗도 옛날 그대로다."

당무가 뭘까? 2016년에 당무 씨를 수집하기는 했지만 씨앗만 있지 실물 사진이 없어서 정확히 알 수가 없었다. 강대형 할아버지를 만나고 나서야 당무가 전주에서 열무 대체용으로 먹는 무라는 것을 알게 되었다.

그렇다면 이름에 '당' 자가 붙은 이유를 유추해 보자. 대체로 이름에 '당' 자가 있는 것은 중국에서 들어온 것이거나 아니면 '가짜'를 의미한다. 당무는 보통 무처럼 뿌리가 크지 않고 주로 잎을 먹어서 생긴 이름이 아닐까 싶다. 하지만 이건 어디까지나 나의 추측이다.

당무를 화성까지 들여온 할아버지는 20년 전까지 전주에서 부모의 대를 이어 과일을 키웠던 농부였다. 아들 둘을 서울에 있는 대학에 보내면서 자식들에게 들어가는 비용이 점점 커졌다. 5년 정도면 되겠지 싶어 서울로 올라왔는데 어찌하다 보니 서울에 정착하게 되었다. 젊은 시절을 농부로 보낸 탓에 텃밭이라도 해볼 요량으로 10년 전에 화성에 땅을 마련해서 다시 농사를 시작했다.

당무는 전주에서 살 때부터 먹을거리로 해오던 것이니 당무의 태생은 전주인 셈이다. 마침 우리가 방문했을 때 밭에 당무가 있어서 실물을 확인할 수 있었다.

당무는 열무보다 잎이 더 크고 결각(잎의 가장자리가 패어 들어가 들쑥날쑥한 모양)이 없다. 당무의 잎을 보니 조선배추와 열무 사이랄까. 뿌리는 30센티미터 정도로, 모양은 열무 뿌리와 비슷하지만 가을이 지나야 뿌리가 길어지고, 봄에 파종한 것은 뿌리가 길지 않다고 한다.

당무는 열무가 그렇듯이 봄이나 가을에 씨앗을 뿌린다. 한 해 묵은 씨앗을 봄에 뿌리면 잎을 먹을 새도 없이 꽃대가 올라온다. 그래서 가을에 심어서 먹고 뿌리를 땅에 묻어놓았다가 이듬해 봄에 장다리(무, 배추 따위의 꽃줄기)를 박아 잎을 먹고, 채종할 것은 남겨 둔다. 채종은 4~5월에 꽃대가 올라오면 5월 이후에 씨앗을 받는다. 당무를 '백일 무'라고도 한다. 결구되는 김장 배추나 김장 무가 파종에서 수확까지 100일 정도 걸려 '백일 배추' '백일 무'라고 하는데 거기서 유래한 듯하다.

당무는 물김치와 '짠김치(배추김치 같이 고춧가루 넣고 담근 김치)'로 먹는다. 뿌리가 억세기 때문에 열무처럼 잎으로만 김치를 담근다. 물김치를 만들 때도 뿌리는 떼어놓고 잎으로만 담근다. 마침 당무를 채종해서 말리고 있던 터라 사진을 찍을 수 있었다.

당무 밭 옆에 15센티 정도 짚을 깔아놓은 생강 밭이 있었다. 생강 잎이 뾰족하게 나와 있다.

"이거 조선생강 아닌가요?"

생강도 전주에서 가져온 것이다. 화성에서 처음 농사를 지을

당무 씨앗(왼쪽)과 당무 씨가 자라난 모습(오른쪽)

때 팔려고 생강을 많이 지었다고 한다.

"조선생강을 하다가 얼마 안 돼 중국산이 들어오니까 조선생강이 안 팔리더라고요."

그래서 지금은 먹을 것만 한다. 조선생강은 크기가 잘지만 향이 진하고 깊은 매운 맛이 있다. 반면에 중국산 생강은 굵기만 굵고 생강 특유의 향과 맛이 거의 없다. 수확량은 중국 생강을 따라갈 수 없으니 팔아서 이익을 남기려는 사람은 토종 생강보다 중국 생강을 많이 한다.

"조선생강이 더 매워서 약으로 먹어요. 한약방에서는 한약재로 쓰이고요."

할아버지는 조선생강을 양념으로 쓰거나 꿀에 재어 차로 끓여 먹는다.

중국 생강을 재배하는 이들은 조선생강이 병해충에 약하다는 말을 한다. 할아버지는 어떻게 재배하는지 여쭈어 보았다.

"토양 살충제 한 번만 하면 벌레가 그다지 먹지 않아요. 다른 농산물처럼 농약을 많이 하지 않고 한두 번 하면 돼요. 농약은 6월 말이나 7월 초에 잎사귀가 노랗게 될 때 하고, 땅 밑에서 거세미[4]나 굼벵이가 원줄기를 파먹어 잎사귀가 노랗게 변하면 살충제를 땅이나 잎에 뿌리면 죽어요."

농약을 한 번도 써보지 않은 나로서는 '거세미나 굼벵이 피해'를 면밀하게 살펴본 적이 없다. 심고 풀 멀칭을 두껍게 해준 뒤, 풀이

---

4  거세미는 최근에 충해를 입히는 벌레로 잎을 거세한다고 해서 붙여진 이름

나오면 풀 한 번 매주고 끝이라 생강 농사가 어렵다고 생각해본 적이 없었다. 그래서 나는 토양 살충제를 뿌리는 이유가 낯설었다. 어쩌면 내가 판매를 위한 재배를 하는 게 아니기 때문일지 모른다.

생강의 경우 재배보다 더 어려운 것이 보관법이다. 생강 보관이 어려워 생강을 파종할 무렵이면 사람들은 씨생강을 많이 찾는다. 초보자들에게 씨앗 보관이 제일 어려운 것이 생강과 고구마이다. 혹시 할아버지만의 특별한 생강 보관법이 있나 싶어 여쭤보았다.

"옛날에는 구들장 밑에 땅을 파서 저장했어요. 마루 밑에서 방안으로 들어가도록 땅을 파서 저장하면 괜찮았어요. 여기서는 스티로폼 박스 안에 신문지를 깔고 그 위에 생강을 넣고 흙을 덮고 신문지를 덮어요. 수분이 말라서는 안 돼요. 아파트 거실 즈음에 두는데 밀봉은 하지 말고 숨을 쉬도록 해놓아야 해요. 실내 온도가 15도 정도면 좋아요. 토란도 그렇게 저장하면 돼요."

어렵지 않게 보관법을 설명해주었다.

생강 밭에 파가 드물게 나와 있어 연유를 물었더니 대파 씨앗이 저절로 발아돼 아까워 그냥 놔둔 것이란다. 총백(파의 밑동. 흰 부분)이 15센티 정도 되는 조선대파의 씨앗을 받아서 계속 심어왔다.

그러고 보니 강대형 할아버지는 다른 것도 씨앗을 받아서 농사를 짓고 있었다. 할아버지는 '종자를 사서 하는 게 짜증이 나서'라고 간명하게 대답했다. 개량종자가 토종 씨앗보다 나은 점이 별로 없는데 굳이 종자를 매해 사서 할 필요가 없다는 것이다. 먹는 게 예전에 먹던 것 그대로니, 씨앗도 옛날 것 그대로 한다고 했다. 씨앗을 받아서 농사를 짓는 것이 특별할 게 없다는 투다. 영락없는 채종 농부다.

평생 농부로 살아왔던 할아버지는 최근 급격하게 변하는 농사 환경을 이렇게 진단한다.

"옛날엔 콩을 농약 한 번 안 치고 했는데 지금은 농약을 하지

조선생강이 자란 모습
(위), 강대형 할아버지
와 아내(아래)

않고는 한 톨도 못 먹어요. 기후변화 때문인지 없던 벌레가 많이 생겼어요. 농약을 많이 하니까 천적 곤충들이 없어져 벌레들이 더 번성하는 것 같아요."

또한 개량종자와 토종 씨앗이 수확량의 차이는 분명히 있겠지만 결국 자신의 이해관계에 따라 선택하는 것 아니겠냐고 했다.

"수입을 목적으로 농사를 지으면 수확량의 차이를 따지겠지만 자급자족을 위해 하니까 괜찮아요. 그냥 왔다 갔다 시간 때우는 즐거움으로 해요."

할아버지에게 수확량은 아무 의미가 없다. 자급 농부들이 대체로 토종 씨앗을 선호하는 이유와 일맥상통한다.

토종 씨앗 중에서 특별히 애정이 가는 것이 무엇인지 물었다. 할아버지는 주저 없이 '조선생강'이라고 했다. 판매를 하다가 중국 생강에 밀려난 쓴 경험 때문일까? 대답은 빗나가지 않았다.

"내가 올라올 때 이 근방에는 조선생강이 없었어요. 그래서 처음에는 판매를 목적으로 조선생강을 했어요."

나는 할아버지에게 조선생강에 대한 애정을 좀 더 많이 생산하는 방향으로 이어달라고 부탁했다.

할아버지가 서울에서 화성까지 매일 대중교통으로 두세 시간씩 오갈 수 있는 건 오로지 농사가 좋아서이다. '딱 5년만' 하고 올라온 것이 벌써 20년이 넘었지만 할아버지는 농부로서의 삶을 다시 찾은 것이 즐겁다. 그 모습에 나도 덩달아 감사했다.

# 50년째
# 길러온
# 토종 배추

신덕순(81세)
뿌리배추, 녹두

"농약 대신 벌레를 많이 먹어
오래 사는지도 몰라."

신덕순 할머니는 뿌리배추를 50년 넘게 심어 보전하고 있다. 씨앗 수집을 할 때 조선배추가 한 품종이라도 나오면 여간 기쁜 것이 아니다. 지금의 속이 노란 결구배추에 밀려나 조선배추를 키우고 있는 분을 찾기가 매우 어렵기 때문이다.

할머니는 육이오전쟁 이전에 양평에서 살았다. 양평에서는 명주실을 뽑는 누에 치는 일을 했다. 육이오전쟁 이후에는 충청도로 갔다가 또 김천으로 가서 피난살이를 하고, 당숙이 사는 평택 청북면으로 와서 살다가 지금 사는 양감면으로 시집을 왔다. 여기저기 옮겨 다니며 살았지만 특별히 문제없이 살아왔다. '좋을 땐 좋고, 나쁠 때는 나쁘지'라고 하는 할머니는 굵은 선의 인상만큼이나 생각도 간명하다.

할머니는 5년 동안 건강관리 차원에서 요가를 매일 해오고 있다. 요가 덕택인지 매끄러운 피부가 눈에 확 들어온다. 게다가 목소리가 우렁차다.

"사람들하고 뛰고 노니까 좋은 거지. 집에 있으면 뭐해. 딸하고 다녀."

평생을 호미질한다고 허리와 무릎을 구부려 농사를 지어온 할머니들은 대체로 몸이 휘어져 있는 편이다. 나 또한 더 늙기 전에 어떤 대책을 세워야겠다는 생각을 하던 차라 신덕순 할머니의 형형한 모습은 부럽기까지 했다. 할머니도 처음엔 무릎 관절이 좋지 않아서 요가를 시작했다. 이제는 꾸준한 관리 덕분인지 체형이 다른 할머니들과 달랐다. 더구나 딸과 친구처럼 서로 의지하면서 지내는 마음도 명랑하기 그지없어 보였다.

시원한 바람이 통하는 대문간에 자리를 잡으려는데 외출하는

신덕순 할머니가 50년째 심어 보전해온 뿌리배추의 씨앗이다(위), 아래는 뿌리배추

따님이 인사를 건넨다.

"로컬푸드 교육에서 선생님을 뵈었어요."

토종 씨앗 수집을 끝내고 로컬푸드 생산자들에게 토종 씨앗에 대한 교육을 했던 적이 있었다. 그때 만났나 보다. 몇 년 전부터 할머니가 농사를 짓고 딸이 로컬푸드에 농산물을 내놓고 있다.

"돈이 쏠쏠히 들어와서 좋기는 한데 나도 죽껏고 저도 죽껏고 그런겨. 돈이 무슨 장난하는 거여."라며 할머니는 돈 때문에 힘든 것을 포기하지 못하고 있다고 했다.

신덕순 할머니가 뿌리배추를 보전하고 있는 이유는 단연 배추 꼬랑지(뿌리 부분) 때문이었다. 조선배추라고 하지 않고 뿌리배추라고 부르는 이유를 물으니, 조선배추는 꼬랑지와 포기가 작고, 뿌리배추는 배추 꼬랑지가 커서 그렇게 부른다 한다. 뿌리배추의 뿌리는 5센티미터 정도에 '둥그스름'하고 '기다랗다'.

"배추 꼬랑지는 특유의 맛이 있지. 그래서 옛날에는 다들 그걸 심어 먹었어. 배추 꼬랑지를 넣어서 배춧국을 끓여 먹었어. 배추 꼬랑지랑 잎사귀를 같이 넣어서 토장국(된장국)을 끓이면 꼬랑지에서 단맛이 우러나와. 강화 순무랑 맛이 얼추 비슷해. 꼬랑지는 깎아서 날로 먹는데 겨울에 놔뒀다가 겨우내 깎아 먹기도 해. 뿌리배추는 뿌리 말고 잎으로만 김장을 하는데, 소금에 절여 버무려서 먹어."

일반 결구배추와 달리 뿌리배추는 대체로 9월에 씨앗을 밭에 직접 뿌린다. 잎이 커지면 적당한 간격을 두고 솎아 먹고, 알이 굵게 들면 뽑아서 김장을 해먹는다. 채종을 위해 밭에 놔두어도 얼지 않는다. 봄이 되면 새잎이 나오는데 잎을 뜯어서 김치를 해먹거나 쌈으로 먹는다. 꽃대가 올라오면 4~5월에 씨앗을 받는다.

신덕순 할머니의 뿌리배추는 시집와서 이곳에서 계속 대물림하여 심은 것이니 50년이 훨씬 넘었다. 배추를 재배하는 시기에는 벌레가 극성을 부려 혹시 할머니에게 특별한 뿌리배추 재배법이 있는지 여쭤보았다.

쪽파 씨(왼쪽)와 이웃에서 얻어다 심었다는 게걸무 씨앗이 든 꼬투리(위), 벌레가 보여도 그냥 먹어 건강하고 고운 모습인 신덕순 할머니

43

"옛날에는 벌레가 있어도 그냥 먹었어. 눈에 보이는 건 잡아내고 안 보이는 건 우찌할겨. 여름 나면 소 한 필 먹는 셈이래. 벌레를 그만큼 먹는 거야."

'여름 나면 소 한 필 먹는다'는 말이 재밌다. 할머니는 농약보다 차라리 벌레를 먹는 것이 낫다고 한다.

"그래서 오래 사는 건지도 몰라. 농약도 안 먹고."

뿌리배추 외 또 다른 씨앗에 대해 여쭈었더니 쪽파, 조선파를 제외하고는 모두 사서 하는데 씨앗을 받기가 어렵다고 한다.

"어쩌다 보면 씨를 밀쪄 버려. 장마 지고 그러면 쑥갓, 아욱 씨는 받기 어려워. 그래서 못 받아."

씨앗을 받기 어려운 건 날씨만의 문제는 아닐 것이다. 손이 여간 가는 것이 아니기에 토종 씨앗의 중요성을 떠나서 할머니의 말씀에 충분히 공감했다. 더구나 할머니는 '귀하기 때문에 맛이 배가된다'고 한다.

"옛날에는 옛날 그대로 맛있었지. 그것밖에 없었으니까. 지금은 뭐 고기도 있고 별거 다 있잖아."

나 또한 밥이 전부였던 어린 시절을 살았다.

"밥사발이 커 수북하게 푸지. 반찬은 푸성귀 김치거나 무김치였지. 겨울 되면 배추김치, 무 싱건지를 먹었어. 물김치를 옛날에는 싱건지라고 했어. 그리고 시래기로 장아찌 해먹고. 충청도 사람들은 짠지라고 그러더만."

주전부리라야 무 깎아 먹는 게 다였다. 할머니에게 무 맛에 대한 기억은 매운맛이었다.

"달기는 무슨. 매우니까 속만 쓰렸어. 배고프니까 먹었지. 주전부리가 없잖아."

그러고 보니 옛날 '맛'은 먹을거리가 귀하고 주전부리가 없던 시절의 '맛'이겠다 싶었다. 귀할수록 진하게 느껴지는 '맛' 말이다.

마지막으로 할머니의 농사 얘기를 잠시 듣기로 하자.

토종 씨앗을 보전하는 할머니로부터 많이 나오는 것 중 하나가 녹두다. 신덕순 할머니는 오히려 녹두를 많이 먹지 못했다. 작은 밭에서는 풀 날 틈을 주지 않을 정도로 '보리 베고 콩, 수수, 들깨 심고, 밀 베고 팥, 고구마 심어서' 녹두 심을 밭이 부족했다. 게다가 수확하는 것이 힘들어 녹두를 많이 심지 않았다. 그래서 녹두죽도 평상시에 먹기 어려운 음식이었다.

"녹두죽을 해먹거나 부침개를 했지. 제사를 지내려면 부침개를 해야 하잖아. 옛날에는 밀가루로 안 부치고 녹두로만 했어. 지금은 밀가루를 많이 쓰지만 그때는 흔치 않았어."

녹두는 일상적으로 먹는 게 아니라 제사용으로 전을 하거나 비상시에 녹두죽을 해먹었다는 얘기다.

# 달갓
# 할머니

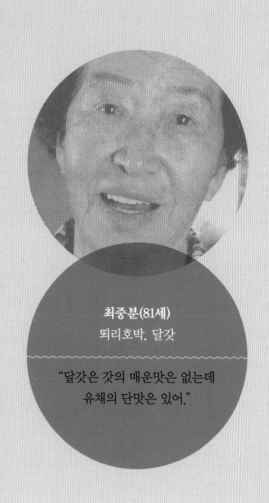

**최중분(81세)**
뙤리호박, 달갓

"달갓은 갓의 매운맛은 없는데
유채의 단맛은 있어."

2016년 씨앗 조사에서 '뙤리호박'과 '달갓'이 나왔지만 특성 조사가 그리 세세하지 않았기에 2년 만에 최중분 할머니를 다시 찾아 나섰다. 할머니의 집은 마을 밖 다리 건너에서도 잘 보이는 마을 가장자리에 위치한 가장 큰 집이었다. 볕도 잘 들고 터가 좋아 보였다. 나중에 들었지만 마을 사람들이 탐을 내는 터라고 한다.

  우리를 기다리던 할머니는 몹시 고단해 보였다. 할머니에게 집터에 관한 얘기를 먼저 꺼내 보았다. 할머니의 집에 얽힌 이야기는 너무나 어렵고 고단했던 시집살이 시절까지 거슬러 올라가야 했다.

  최중분 할머니는 스물두 살에 조암에서 이곳으로 시집와서 지금 여든하나가 되었다. 7남매의 막내며느리로 시집와 8년 동안 세간이 없어 아이도 낳지 못했다가 아이가 생겨 딴 집을 얻게 되었다.

  "신랑이 군인이었는데 얼굴도 못 보고 시집와서 시집살이가 장난이 아니었어. 방에서 밥을 못 먹고 부뚜막에서 밥을 먹고, 놋그릇을 맨날 닦고, 물이 모자라 맨날 물지게를 지고 왔지."

  그 당시 흔했지만 그만큼 고단했던 시집살이 얘기다.

  "여기 다들 집집마다 장래쌀(한 가마를 얻으면 그 이듬해 한 가마 반을 주는 것)을 그렇게 쌓아놓아도 시가조차도 우리에게 한 톨도 안 주었어."

  서러운 삶이었다. 가마니를 만들어 팔탄장(팔탄면에 있는 시장)에 내다 팔았고, 친정에서 송아지 한 마리를 얻어와 길렀다. 나중에 소를 팔아 땅을 조금씩 사서 먹고 살았다.

  "이제 잘 먹고 잘살 만하니까 이렇게 늙어버렸어."

  기운이 없던 할머니는 당신의 살아온 얘기에 빠져 목소리가 펄펄 날았다.

"그렇게 오두막살이를 하는데 애 아빠가 오두막살이가 지겹다며 계약을 덜컥 해버렸어. 빚지고 살 걱정을 했는데 죽으라는 법은 없나 봐. 생질이 500평 땅에 심을 당근 씨앗 깡통을 가지고 와서 심으라고 하는 거야. 되려니까 운이 되더라. 4월인가 당근을 심었는데 엄청 잘됐어. 게다가 흥정을 잘해서 밭떼기로 팔았어. 당근을 팔고 일주일이 지나니 쌀값보다 풀쩍 올랐어."

할머니 가족의 시운이 그때였는지, 도저히 풀리지 않을 것 같던 일들이 척척 풀려나갔다고 한다. 이후에 동네 사람들이 앞다퉈 당근을 심었지만 당근 값이 폭락했다.

어느덧 할머니의 쳐진 몸과 목소리는 팽팽해져 '씨앗' 얘기로 넘어갔다.

호박 이름이 '뙤리'? 옛날부터 마을에서 '뙤리'라고 불렀단다. 혹시 실물을 보면 알 수 있을 것 같았다. 할머니가 가져온 것은 맷돌호박이었다.

"이거 맷돌호박인데, 혹시 이걸 맷돌호박이라고는 하지 않나요?"

그냥 '뙤리'라고만 했단다. 혹시 맷돌호박의 또 다른 이름일까? 그런데 왜 '뙤리'라고 했을까? 할머니와 '뙤리'에 대한 유추를 해봤지만 그저 마을에서 그렇게 불렀다는 것 외에는 별 다른 정보가 없었다. 뙤리는 '똬리'의 경기도 사투리라고 하는데 맷돌호박이 똬리를 튼 모양이라서 그렇게 불렀을까? 정보가 더 없어서 거기까지 유추해볼 뿐이었다.

'뙤리' 호박만 그런 것은 아니었다. 갓의 이름도 '달갓'이다. 할머

뙤리호박 씨(왼쪽)와 달갓 씨앗(오른쪽), 아래는 달갓밭

니는 이삼십 년 전부터 마을에서 받아 심기 시작했다. 역시 '달갓'의 모양이 궁금했다. 할머니에게 이것저것 질문을 해봤지만 '달갓'이라고 부르는 연유는 알 수 없었다. 아직 씨앗은 받지 않았지만 한 포기 빼내어 말리고 있다 해서 실물을 확인해보았다. 줄기가 갓처럼 보랏빛이다. 줄기는 갓 같은데 잎은 유채와 닮았다.

할머니를 통해 얻는 달갓에 대한 정보는 다음과 같다. 꽃은 유채나 갓과 비슷하고, 유채나 갓처럼 가을에 심는다고 한다. 김장 때 수확해서 김장 속으로 넣거나 동치미에 갓 대신 넣어 먹는 것이라고 해서 그렇게 먹어 왔다고 한다. 적갓의 경우 김장을 하면 빨간 물이 나오는데 달갓은 청갓과 같아서 색이 나오지 않는단다. 또한 갓은 매운 맛이 있는데 달갓은 매운 맛이 없다고 한다. 김장하고 남은 것을 밭에 그냥 두면 이듬해 잎이 또 나오는데, 봄에 잎을 잘라서 겉절이를 해먹거나 삶아 무쳐서 먹으면 맛이 시원하다고 한다.

달갓 씨앗을 보유한 최 중분 할머니

할머니 말에 따르면 달갓은 갓의 매운맛은 없는데 유채의 단맛은 있고 꽃은 유채꽃과 유사하다는 것이다. 매운맛이 없는 갓, 아니 유채처럼 달아서 '달갓'이라고 부르지 않았을까.

"김장할 때 없는 사람한테는 줘요. 갓 값이 비싸다고 해서 많이 나눠줬지요."

토종 씨앗 이름은 지역 명을 제외하고는 대체로 모양이나 색깔 등 외형적 특징을 나타낸다. '뙈리호박'는 형태에서 비롯된 이름일 것이다. '달갓'은 맛과 형태로 봤을 때 갓과 유채를 섞어 만든 것 같다. 씨앗이란 것이 교잡을 통해 새로운 품종이 생겨나고 그것이 사람들 입맛에 맞으면 계속 음식으로 이어오면서 보전된다. 할머니의 '달갓'이 그런 경우다. 달갓은 할머니 외에는 재배하는 이가 없다. '달갓'은 이 마을에서 태어나고, 이 마을에서 보전되는 그야말로 '토종'이다.

# 로컬푸드의
# 희노애락

**이용분(67세)**
잔달팥. 선비잡이콩

"안 팔리면 사라져."

파종 시기가 되면 할머니들이 집에서 모종낸 것을 재래시장에 내다 판다. 어차피 심는 고추, 가지, 호박과 같은 작물은 여분의 모종을 내어 소득을 올리기도 하고, 옆집 사람들에게 나눠주기도 한다. 이렇게 여분을 해왔던 이용분 할머니는 로컬푸드 직매장과 연을 맺으면서 파종 시기에 맞춰 모종 장사에 뛰어들었다.

할머니를 만나러 간 날, 마당에는 꽃과 작물 모종이 빼곡히 들어차 있었다. 살림집 옆 하우스 세 개 동에서는 가족들이 바쁘게 일하고 있었다. 5월 중순이면 어느 농가든 대체로 비슷한 풍경이다.

"화성 로컬푸드 직매장이 처음 만들어질 때 경영자가 로컬푸드에 참여하라고 권했어요. 그래서 150평 하우스를 신청해서 시작했어요. 채소를 키워 150만 원이라도 벌면 전기세나 공과금 내는 데 보탬이 될 것 같아서 했어요."

마을 부녀회장과 의용 소방대원으로 활동하고 있는 이용분 할머니는 로컬푸드 직매장이 만들어지자 '지역에 기여하려는' 마음에 이 일을 시작했다.

"아침에 채소를 뜯어서 로컬푸드 직매장에 넣어요. 판매가 되면 전화가 오니까 재미있어서 열심히 했어요."

로컬푸드 직매장은 애초에 농산물 직거래 장터로 기획됐지만 로컬푸드 사업으로 변경되었다. 지금은 6호점까지 있는데 잘 되는 편이다. 그 덕에 눈코 뜰 새 없이 바쁘게 된 이용분 할머니는 로컬푸드 직매장에 내는 농산물 수량이 제일 많다고 한다. 할머니는 로컬푸드 직매장 운영에 맞춰 모종을 키워 내기도 하는 등 남보다 앞서가는 분이다. 화성 로컬푸드 직매장의 번성에 할머니의 기여도가 큰 몫을 차지하고 있다. 몸이 부칠 정도로 농가 소득을 올리고 있는 걸 보면, 소농과 로컬푸드 직매장의 궁합이 잘 맞는 듯하다.

"옛날부터 해오던 잔달팥을 직매장에 냈는데 처음에는 안 팔렸어요. 그래서 토종 씨앗 몇 가지는 없었어요. 그런데 몇 년이 지나자 사람들이 '토종 씨앗, 토종 씨앗' 하더라고. 그래서 집에 남겨두었던 선비잡이콩을 길러서 로컬푸드 직매장에 넣었던 거예요."

토종 씨앗이 사라지게 되는 원인 중의 하나는 '돈이 되느냐 아니냐'로 나누는 잣대이다. 무엇이든 돈으로 바꾸려는 지금의 현실에서는 결국 팔리는 것만 하게 된다. 상업농이 전면화되고 정부에서 개량종을 보급하면서 토종 씨앗이 소멸되어 갔다. 토종 씨앗도 살아날 수 있는 여지가 있었지만 정부 정책은 토종 씨앗의 중요성을 간과했다. 수확량만을 앞세운 개량 종자가 빠른 속도로 소득으로 연결되니 토종 씨앗이 사라지는 것은 어쩌면 자연스러운 일일 것이다.

할머니는 어렸을 때부터 잔달팥을 먹었다고 했다. 잔달팥과 비

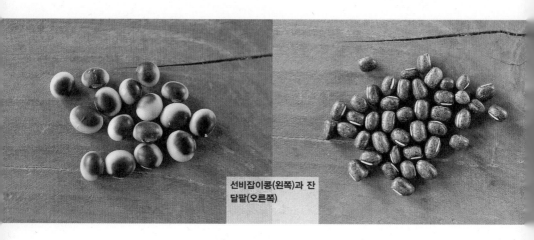

선비잡이콩(왼쪽)과 잔
달팥(오른쪽)

숫한 것으로 개구리팥(거피팥)이 있는데, 개구리팥은 겉이 더 얇고 크기가 잘고 맛있단다. 잔달팥으로 팥죽을 쑤거나 팥소와 팥단지를 만들기도 한다. 반면에 붉은팥은 껍질도 두껍고 맛이 별로 없지만 소비자들이 좋아한단다. 거무죽죽한 잔달팥을 별로 안 좋아해서 시장에서는 대부분 붉은팥만을 볼 수 있게 된 것이다. 시장에서 한 품종만 팔리게 되면 다양한 팥들은 자연히 도태된다.

이용분 할머니는 밥밑콩으로 사용하는 선비잡이콩으로 된장을 만든다. 선비잡이콩은 옛날부터 재배해온 것이다. 선비잡이콩은 선비가 콩이 너무 맛있어 옆에 끼고 먹던 중 붓글씨를 쓰다가 먹물이 튀어 선비잡이콩이라 불렀다는 일화가 있다. 물론 먹물이 묻은 것처럼 보인 것에서 유래한 이야기일 것이다. 아주까리를 닮아서 아주까리콩이라 한 것과 비단 같아서 비단팥이라 부르는 이치와 같다.

선비잡이콩도 농가에 따라 모양이 조금씩 다른데 할머니의 설명에 의하면 까만콩과 선비잡이콩을 왔다 갔다 하면서 '교잡'이 되었다는 것이다. 할머니의 선비잡이콩은 다른 콩보다 까만 부분 면적이 훨씬 넓다.

"처음에는 까만 부분이 가운데만 있었는데 점점 넓어졌어요. 기후가 바뀌니까 선명하게 안 나오는 것 같아요."

이용분 할머니가 선비잡이콩으로 된장을 만드는 데는 이유가 있었다.

"선비잡이콩을 팔지 못하니까 메주로 만들었어요. 장을 담그니 노란 것이 기가 막히게 맛있었어요. 삶는 시간은 비슷한데 메주콩보다 더 찰기가 있어 쫀득쫀득하고, 단맛도 더 많이 나요. 그냥 먹을 때도 메주콩보다 더 맛있어요."

된장 만드는 이야기를 자세하게 들어보자.

"삶은 콩을 자루에 담아 밟아서 메주를 만들어요. 메주를 짚으로 엮어 매달았다가 정월에 상자에 담아 서늘한 곳에 15일 정도 놓아 둬요. 그럼 뽀얗게 떠요. 그때 장맛이 제일 좋아요. 정월이나 이월에 장을 담가요. 삼월에 담그면 간을 세게 해야 해요. 밥장(메주를 많이 넣어 되게 담근 간장)을 담그고, 간장물을 조금만 빼두고, 메주를 으깨어 된장 만들 때 나머지 간장물과 같이 치대어 묽게 된장을 만들어 그대로 숙성시키면 맛이 기가 막혀요. 여기에 청양고추 씨앗을 약간만 넣고 버무려요. 보름이나 한 달 정도 서늘한 곳에 두면 시커멓지 않고 노랗게 돼요. 아주 덥지 않고 적당히 뜨듯한 곳에 하면 잘 뜨죠."

할머니는 선비잡이콩으로 '담북장(청국장)'도 만드는데 담북장은 잘 띄운 메주를 곱게 빻아 소금이랑 버무려 따뜻한 데서 만드는 것이라고 한다.

하지만 지금은 아쉽게도 할머니의 선비잡이콩 된장은 맛볼 수 없었다. 선비잡이콩이 계속 안 팔리다 보니 버리고 지금은 일반 메주콩으로 된장을 만든다고 한다.

"선비잡이콩이 안 팔려서 덩굴형 붉은 동부를 했어요. 팥이랑 똑같아 팥 대용으로 죽도 해먹고 밥에 넣어 먹기도 했어요."

붉은 동부는 이웃에게 얻어서 심었다. 할머니는 누구보다 콩으로 만든 음식에 대해 잘 알고 있었다. 하지만 콩이나 쌀은 돈이 되니 팔기에 바빴다. 그래서 할머니도 콩을 실컷 먹지는 못했다.

계란 하나를 주면 공책을 살 수 있었고 방학 하면 먹을 것이 없

이용분 할머니 부부

어서 외갓집으로 뛰어 갔던 시절이 있었다.

"보리를 방아에 빻아서 보리개떡을 해먹는데 맛이 딱 소 간 같았어. 밀가루에 소다 넣고 쪄서 먹었지. 미군이 있을 때 애들은 옥수수가루로 죽을 쑤어 먹었는데 그때 그걸로 빵을 해서 먹었지. 고구마를 캐다가 겨울에 저장해두면 학교 갈 때 고구마를 하나씩 가져갔어. 그럼 이 사람 저 사람들이 한입씩 먹었지. 찰수수 가지를 꺾어서 밥솥에 쪄서 먹었고. 참외, 수박은 개울에서 목욕하고 나서 서리해서 먹었고. 참외는 사과참외와 개구리참외, 골참외가 있었어."

이용분 할머니는 어릴 때부터 사과참외를 많이 심어서 먹었다고 한다. 그때도 조그맣고 동그란 사과참외가 제일 맛있었다. 개구리참외는 별로 달지 않지만 배가 고파서 먹었다. 사과참외 얘기가 나온 참에 내가 가져온 사과참외 모종 몇 개를 선물로 드렸다. "꼭 씨앗을 받아서 내년에는 모종을 내어 팔아보세요." 했더니 할머니는 어린 시절 먹었던 사과참외를 다시 맛볼 수 있다는 기쁨에다 모종으로 팔면 괜찮겠다는 생각까지 보태 더할 나위 없이 기뻐했다.

# 시골 부자는
# 일 부자

**이왕순(83세)**
참깨, 들깨, 노각, 장준

"참깨는 너무 걸찬 데 심으면 안 돼!"

갑작스럽게 비가 엄청 쏟아지던 날, 석가탄신일이었다. 이왕순 할머니와 약속한 시간에 도착했는데 할머니는 집에 없었다. 할머니의 집은 옛날 전통가옥 그대로였다. 사랑방이 있는 툇마루에 앉아 한 시간 반을 기다리며 주변을 살폈다. 툇마루가 반들반들했고, 사랑방 문 한지도 아주 깔끔했다. 대문 밖 마당에는 큰 멍석이 말려져 있고, 작은 모종 하우스뿐만 아니라 대문 옆 구석구석이 티끌 하나 없이 정갈했다. 제아무리 깔끔해도 이렇게 정갈한 집은 처음이었다. 집 구경을 실컷 한 뒤 다시 약속을 잡아 마을회관에서 할머니를 만났다.

이왕순 할머니는 수원 금곡동에서 살다 육이오전쟁 뒤 스물두 살에 이곳 매송면으로 시집을 와 지금까지 60년을 살고 있다.

"시골 부자가 일 부자라고 일만 죽어라 했어."

그때부터 계속 씨앗을 받아온 것이 노각, 참깨, 들깨다. 요즘 나오는 개량 오이로 바꾸지 않은 것은 노각이 애오이 상태도 오래가고, 칠팔 월 반찬으로는 그만이기 때문이다. 할머니는 노각으로 '오이 상채(오이생채)'를 주로 해먹는다.

"껍질을 벗겨서 살을 져며 소금에 절인 뒤 꽉 짜서 고추장에 버무려 먹어요. 음력 5월부터 오이를 따서 먹기 시작하는데 7월에는 그게 반찬이에요."

'오이 상채'를 가장 좋아하지만 오이가 많으면 오이 장아찌를 만들어 먹는다.

"애오이를 소금에 절여서 8월 초까지 먹다가 남으면 장아찌를 만들어요. 짜니까 물에 살짝 담갔다가 보자기에 짜서 양조간장에 절이면 장아찌가 돼요."

이왕순 할머니의 참깨밭(위)과 수확한 참깨(왼쪽 아래), 노각 꽃이 핀 모습(오른쪽)

　　오이 중에 '참' 오이인 '참외' 장아찌도 똑같이 만든다. 특히 참외 장아찌는 겨울에 먹으면 맛이 있어 양념에 재두고 먹는다.

　　참깨와 들깨를 보전해온 것은 오로지 '향미' 때문이다. 어떤 개량종도 고소한 맛을 따라올 수 없단다. 할머니에게는 수확량의 차이도 그렇게 많지 않다. 옛날 깨는 가지를 많이 쳐서 수확량으로 보자면 결국 거기서 거기이다. 참깨도 여러 종류가 있는데, 드문드문 피는 것이 있고, 신품종처럼 다닥다닥 피는 것이 있다. 토종 참깨는 소출이 적은 편이지만 '바람'을 잘 맞지 않는다는 장점이 있다.

"참깨는 바람을 많이 맞아. 참깨를 너무 걸찬(땅이 매우 기름지다는 뜻) 데 심으면 밑에서부터 죽어서 영글지도 못하고 쓰러져 버려. 그런 것을 바람 맞았다고 해."

참깨는 거름이 적은 곳에서 재배해야 한다. 토종 작물의 경우 거름이 독이 되는 경우를 종종 보게 된다. 예전에는 거름이 많지 않았으니 작물이 거기에 적응해온 것이리라. 지금은 바람 맞지 말라고 농약을 준다고 한다. 자라다가 밑에서부터 노랗게 영글어야 하는데 밑에서부터 썩으니 병충해인 줄 알고 농약을 준단다. 거름을 적게 하면 될 일인데 뭐든 농약으로 해결하려 하는 게 안타깝다. 작물에 따라 농사법을 달리해야 하는데 획일적으로 농사를 지으니 이런 일이 발생한다.

"옛날 깨가 더 고소해. 참기름 짜서 먹고 볶아서 깨소금으로 먹는 정도니 굳이 수확량을 위해 개량종으로 바꿀 필요가 없어."

수확량이 중요하게 된 것은 사실 판매에만 국한된 문제는 아니다.

기름 한 말 짜겠다 하면 방앗간에서 짜주지 않으니 두세 집이 모아서 짜야 한단다. 이러한 '도정' 문제가 자급용 잡곡이 사라지는 데 한몫을 한다. 예전에는 집에 기름틀이 있어 직접 짰다.

"시루에 쪄서 누르는 것이 있으면 그걸로 기름을 짜서 먹었어."

결국 소량은 옛날처럼 손으로 하는 것이 정답인 것 같다.

할머니의 수확량 비교는 나름 합리적이다. 개량 깨는 '송아리'가 다닥다닥 붙었지만 토종은 송아리가 크니까 '비슷비슷'할 수 있다는 것이다.

냉장고가 없던 시절, 짠 기름은 소금 항아리에 보관했다. 고기도 소금 항아리에 넣었다. 기름 앞에 '참' 자를 붙인 이유는 많이 넣으면 음식 맛을 버리기 때문에 조금만 넣으라는 뜻이 아닐까?

"예전에 참기름은 돈이었어. 학비를 마련하는 데 쓰느라 정작 집에서는 참기름을 잘 못 먹었어. 들기름도 마찬가지야. 장에 가서 기름을 팔아 돈을 만들었지. 입에 들어갈 것을 아껴서 필요한 현금을 마련하던 시절이야."

깨를 많이 볶아 기름을 짜면 기름 양은 많이 나오지만 '써서' 못 먹는다. 깨를 볶는 이유도 기름 양을 많이 내기 위해서다.

"예전에도 들기름을 짜 주는 사람한테 가서 짜 왔어. 살짝 볶은 뒤 쪄서 짰어. 또 시루에 올려 김이 오르면 눌렀어. 뜨거우면 기름이 잘 나오기 때문에 그렇게 여러 번 했어."

듣고 보니 옛날 사람들은 기름을 약처럼 먹었다. 기름 한 방울이 아깝고 소중해서 더불어 모든 음식이 약이 되지 않았을까? 약식동원이라는 말은 이런 데서 나왔을 것이다.

회관에서 이야기를 마치고 할머니 집으로 돌아왔다. 할머니의 정갈함은 어디서 오는 걸까?

"늙어도 꿈적거려야지. 기운이 없으면 이불 파고 들어가는 것 같아. 아침 먹으면 운동 삼아 치우는 것이지."

아무리 꿈적거려도 성격이 깔끔하지 않으면 이렇게 정갈할 수가 없다. 할머니 집을 세세하게 둘러보다가 고목 아래에서 멈추었다. 할머니가 시집왔을 때부터 있었던 감나무다. 450년 된 '장준(큰 뾰주리감)'은 팽이 모양의 감이다.

"작은데 맛은 기가 막혀."

서리 내린 뒤 연시로 따서 먹는다. 여전히 주렁주렁 달리지만 손에 닿는 것만 먹는다. 450년 역사의 감나무는 이 터를 지키면서 할머니 가족사를 지켜본 당산나무이다. 그래서 할머니는 옛날부터 가을 수확을 마친 뒤 감나무 앞에서 감사 고사를 지낸다.

"옛날 노인네들은 다 죽고, 나 하나 남았어. 4남매는 다 나가서 사니까, 내가 죽으면 이 감나무도 없어지는 게 당연하겠지."

감나무 기둥 속이 커다랗게 패어 있었다. 뿌리와 가지가 어떻게 연결이 되는지 의아했지만 이 오래된 감나무는 신기하게 자신의 가지로 살아가는 듯했다. 가지는 뿌리와 단단히 연결되지 않아도 그 자체의 에너지로 살아가는 것 같았다. 고목의 생명력은 서로 의존하면서도 독립적으로 살아가는 것이리라.

할머니의 생애가 감나무의 구멍 난 기둥처럼 보였다. 할머니 생애의 구멍을 갉아먹고 사방으로 뻗쳐 나간 가지들은 할머니의 후손일 것이다.

450년 된 장준(감나무) 아래에 선 이왕순 할머니

# 50년을 해도
# 농사가 재밌어요

**이병선(78세)**
홀애비밤콩

"농부로서는 만족하죠.
아직 하고 싶은 농사가 많아요."

내가 그의 이름을 불러 주기 전에는

그는 다만

하나의 몸짓에 지나지 않았다.

내가 그의 이름을 불러 주었을 때

그는 나에게로 와서

꽃이 되었다


김춘수 시인의 시처럼 작고 하찮아 보이는 것일지라도 이름을 불러 주는 게 좋다. 토종 콩에도 수십 수백 가지 콩이 있고 이름이 다 다르다.

'홀애비밤콩'

이병선 할머니는 홀애비밤콩을 로컬푸드 직매장 판매대에 올리고 있다.

"이전에는 개구리팥도 했는데 이제는 힘이 드니까 안해요. 푸르데콩이라고 속도 푸른 콩이 있어요. 가운데만 까만 선비잡이콩도 해서 먹고. 밤콩도 심어 먹었어요. 그중에 홀애비밤콩이 제일 무난해서 그걸 해요."

이병선 할머니도 점점 농사가 힘에 부쳐 올해는 토종 콩 재배를 많이 포기했다.

"작년에 농사 안 짓는다고 로컬푸드에 줬슈. 내가 못하니까 씨 퍼트리라고."

로컬푸드 직매장에 토종 씨앗을 내도 알아주는 이가 없으니 할머니도 점점 농사를 짓지 않게 된다.

"홀애비밤콩은 교잡이 안 돼요. 다른 것과 같이 심어도 홀애비밤콩은 홀애비밤콩만 나와요."

홀애비밤콩을 택한 이유가 교잡이 안 되기 때문이란다.

"농사지은 지 한 50년이 넘었어요. 친정에서 어렸을 때부터 심은 거라 여기로 가져왔어요. 그 맛을 못 잊어서."

콩에 대해 특별히 애착이 있는 할머니는 시집올 때 검정콩과 홀애비밤콩을 가져왔다.

"밤콩은 맛은 있는데 밥이 거셔."

'거시다'는 부드럽지 않고 까칠까칠하다는 말이다.

"그래서 홀애비밤콩은 미리 불려놨다가 밥에 넣어서 먹어요. 단맛도 나고 고소해요. 하얗고 보기 싫어서 그렇지 거시지 않아. 밤콩이 거시지. 생긴 것과 달리 맛이 좋아요."

홀애비밤콩은 메주콩처럼 색깔이 흰 편이다. 이와 달리 밤콩은 밤색을 띤다. 밤콩이라고 한 것은 '밤 맛'이 나서 밤콩이라고 하지 않았을까?

"홀애비밤콩으로 두부도 하는데 일반 두부보다 맛이 더 고소하고 단맛이 나요. 콩가루도 그렇고 장을 담가도 더 맛있어요. 그걸 여태껏 하다가 올해는 아파서 못했어요."

나도 홀애비밤콩으로 된장을 담그면 맛있다는 말은 들은 적이 있다. 메주콩과 형태가 비슷해서 '메주콩'으로 분류하기도 한다.

"지금은 포트에 해서 많이들 심는데 난 그게 더 일이 더뎌서 그냥 발로 심어요. 300평에 두 말은 심는데, 한 번에 두 개에서 다섯 개 정도 떨어뜨려 발로 꾹꾹 덮어요. 6월 말부터 심어도 돼요. 일찍 심으면 풀만 나고 키만 크지, 잘라 주느라 혼나요. 난 7월 12일에 심었더니 수확할 때 좋더라고."

토종 콩은 익으면 꼬투리가 터져 잘 튀어나와서 보급종을 선택하기도 한다. 이병선 할머니는 잘 튀어나오지 않게 하는 방법이 파종시기에 있다고 한다.

"새 피해가 걱정되면 평지에 구멍을 안 파고, 발로 꾹꾹 누르고 덮어서 망을 씌워요. 잎 갈라지고 새잎이 나오면 한 10일 정도 있다가 망을 걷어내요."

나도 작년까지는 씨앗으로 심다가 새 피해로 인해 올해는 모종을 내서 심었는데 할머니의 방식도 괜찮은 것 같았다.

"간장색은 다 똑같아요. 단맛도 있고. 두부는 더 부드럽고 맛있고. 비지도 더 맛있지. 올해는 된장 안 담갔어요. 된장 장사하려고 했더니 관에서 조합을 만들래요."

식품위생법에 의하면 아무리 콩을 재배하는 농가라도 무허가

홀애비밤콩(왼쪽)과 완두 콩깍지가 달린 모습 (오른쪽)

로 된장을 만들어 팔면 안 된다. 식품 허가를 받아야 한다. 농민이 소득을 올리려고 다양한 방법을 강구하면 이렇듯 법을 운운하며 허가를 받도록 강제하는데 단순 허가가 아닌 규모화를 요구한다. '법'은 곧 '규제'로, 점점 더 허가의 기준은 까다로워지고 있다. 그 기준에 맞도록 일반 농가가 시설을 마련하긴 어렵다.

"늙은이가 누구랑 조합을 해요. 식초도 하려고 사과도 많이 사고 현미식초, 흑식초도 하려고 했는데 그것도 조합을 만들래요."

늙어서가 아니다. 농민은 끊임없이 예속당하는 '규제'에 다른 것은 시도도 못해 보고 그저 농사만 죽어라 짓는 것이다. 물론 협동조합을 만들어서 하면 된다. 하지만 할머니 말대로 '늙어서 무슨'이다.

15년 동안 농사를 지어온 나로서는 할머니와 콩 얘기를 주거니 받거니 하니 재밌을 수밖에 없다. 결국 자신이 처한 상황에 따라 농사법이 달라진다. 시장을 주도하는 것은 누굴까? 단순히 소비자의 자유의지인가 하는 의구심이 든다.

"홀애비밤콩은 병도 없고 벌레도 덜 먹는 것 같아요. 다른 것은 약 안 뿌리면 못 먹는데…."

농가에서는 재배하기 편한 것을 선택하는 게 당연지사다. 토종에는 농가의 그러한 특성이 묻어 있을 수밖에 없다. 농가에서 재배하기 편한 것. 그리고 농가의 입맛에 맞는 것. 그것이 토종의 특성이고 그래서 토종이 다양할 수밖에 없다.

농사법을 세세하게 설명하는 이병선 할머니는 여느 할머니와는 조금 달랐다. 할머니는 천생 농부로 태어난 듯하다.

"농사꾼의 아내로, 농부로만 사셨는데 어떠세요?"

"농부로서는 만족하죠. 일만 할 수 있다면 뭐든지 다 해보고 싶어요. 지금도 할 게 참 많아. 그런데 이제 몸이 말을 안 듣지. 하지만 마음은 젊어요. 농사 재밌어요. 아프다가도 일하러 나가면 하나도 안 아파. 그거 보는 게 자식 보는 것보다 더 좋아요."

남편과 자식 때문이 아니라 '정말 농사가 좋아서' 여태껏 꿋꿋하게 버텨왔다. 그래서 할머니와 얘기하면 할수록 할머니가 농사를 통해서 얻은 지식이 남다르다는 걸 알 수 있었다. 그렇다. 농부, 이병선. 천생 여성 농부, 이병선.

이병선 할머니가 자식처럼 들여다보는 텃밭

# 밭에만
나가면
훨훨

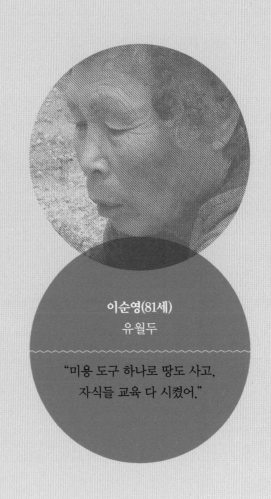

이순영(81세)
유월두

"미용 도구 하나로 땅도 사고,
자식들 교육 다 시켰어."

2017년 토종 씨앗을 수집하러 이 집 대문을 들어설 때도, 이번에 심층 인터뷰를 하러 다시 만났을 때도 이순영 할머니는 수심이 가득한 목소리였지만 얼굴은 반갑게 맞아주었다. 젊었을 때는 참 예뻤을 것 같은 할머니는 만나자마자 한숨지으며 헝클어진 머리를 다듬었다.

"남편이 당뇨 합병증으로 하루걸러 병원으로 투석 받으러 가. 김밥 싸서 보내야지, 베지밀 사서 보내야지 힘들어."

별다른 말씀이 없어도 '힘겨운 몸', '문드러진 마음'이라는 것을 알 수 있었다.

우리가 집으로 들어설 때 키 큰 장년의 남자가 모내기 차림으로 대문을 나서고 있었다.

"아들이 지 애비 간병차 내려와서 농사를 짓게 됐어."

지난해엔 할머니 혼자 있었다. 아버지 간병차 내려왔는데 농사까지 짓게 하니 딸린 가족이 있는 아들한테 매일 죄인으로 산다고 했다. 부모 병간호가 자식의 몫이 될 때, 그 자식에게 딸린 식구들에게까지 영향을 미친다. 나의 부모님도 병환 중이라 할머니의 아들 심정도 이해가 갔고, 동시에 할머니의 '문드러진 마음'까지 조금은 헤아릴 수 있었다. 안타까운 마음을 누르고 할머니와 씨앗 이야기를 이어나갔다.

할머니는 참깨, 들깨, 녹두 그리고 유월두를 보전하고 있었다. 올해는 참깨 대신 녹두를 심고 나머지 밭은 묵혔다. 아들은 아버지 병원 오가는 시중을 들어야 하고, 할머니는 집 안에서 병수발을 하기 때문에 힘에 부쳐 밭을 묵혔다고 한다. 할머니는 우리와 얘기가 끝나면 유월두를 심어야 한다고 했다.

유월두는 일찍 심어서 일찍 수확하는 장콩이다. 일반 메주콩
은 보리 베고 심지만 유월두는 5월 하순경에 심는다. 누구는 유월두
로 만든 된장은 맛이 없다고 했지만 이순영 할머니는 항상 유월두로
된장을 담근다.

"음력 3월에 심고 음력 7월에 거둬."

할머니는 유월두가 다른 메주콩보다 더 맛이 있어서가 아니라
'일찍 거두니까' 심는다고 했다. '똑같은 씨앗인데 일찍 심을 뿐'이다.

일찍 심고 일찍 수확하니까 메주를 쑤면 일반 메주콩으로 할
때와 뭐가 다르지 않을까 싶어 여쭈었지만 맛 차이는 거의 없다고 했
다. 서리태는 일찍 심으면 괜찮지만 수확하기에는 너무 늦기 때문에
안 하는 편이다. 밭이 '노니까' 일찍 된장을 담글 수 있는 유월두로 한
다. 유월두는 일반 메주콩과 형태 차이가 거의 없다.

할머니는 뒤뜰 장독대에 있는 유월두로 담근 된장을 보여주었

유월두로 담근 된장(왼
쪽)과 유월두 (오른쪽)

다. 짙은 나무색이었다. 맛을 보니 좀 짜다. 오래 먹으려고 소금을 좀 더 넣는다고 했다. 할머니는 된장을 담글 때 특별한 것을 넣지 않는다. 메주를 쑤고, 정월 장 이후 소금과 물 그리고 메주로만 담근다고 한다.

"특별한 거 없어."

할머니가 유월두 된장을 담가놓으면 도시 사람들이 사간다. 수확 때가 되면 도시 사람들이 마을 여기저기 돌아다니며 담근 된장을 찾는다.

들깨도 사간다. 온수기 검사하러 온 한 여성도 "할머니 들깨 살데 없어요?"라고 물었다. 할머니는 옛날 들깨가 개량 들깨에 비해 더 굵든 더 잘든 개의치 않고 옛날 들깨 농사를 평생 지었다.

"기름을 내면 며느리나 딸이 다 가져가."

기름을 내면 소주병으로 11병 정도 나오는데 자식들에게 다 준단다. 사실 마땅히 팔 곳도 없다고 했다.

녹두는 적은 양을 심어 자식들에게 나누어준다. 자식들이 녹두전을 좋아해 수확하면 자식들이 가져가고 남은 걸로 남편에게 죽을 끓여 준다. 녹두는 해독 효능이 있기 때문이다. 그 밖에 할머니는 서리태와 팥을 심는다. 작년까지 심었던 참깨는 올해는 심지 않았다.

할머니는 열일곱 살 때부터 미용사로 일했다. 시집을 와서도 '야매'로 마을을 돌아다니며 미용을 해주고 돈을 벌었다. 당시에는 미용으로 돈을 많이 벌었다. 머리카락을 잘라서 가발을 만드는 데 팔기도 했다. 미용으로 벌이가 좋아 그 돈으로 땅을 사서 4남매를 길러냈다.

할머니는 미용 일을 하면서 틈틈이 농사를 지었다. 한번은 남편이 병아리를 사달라고 해서 100마리를 사서 양계를 시작했다. 병아리를 길러 판 돈으로 새끼 돼지를 사서 길렀다. 시부모님 형편이 어려워 모두 할머니에게 기대어 살았다.

"그렇게 고생고생하면서 지금껏 살아왔어."

그렇게 스물일곱 마지기 논과 밭을 갖게 되었다. 지금은 아들이 밭에서 마가목 등을 재배하고 있다.

할머니는 지금은 없어진 수원의 '평화 미장원'에서 '미쓰 리'로 불렸다. 연세도 많고 몸은 구부정하지만 할머니는 '미쓰 리'라는 호칭과 아주 잘 어울렸다. 많은 사람들 사이에서 '미쓰 리'를 찾으라고 하면 왠지 할머니를 가리킬 것 같다. 그만큼 그 호칭과 모습이 잘 어울렸다.

할머니는 작년보다 좀 더 힘들어 보였다. 허리 치료를 한 뒤부터 텃밭 말고는 집 밖을 나가지 않았다. 더구나 내가 오기 얼마 전에 뒤로 넘어져 머리를 다쳤다고 했다. 할머니는 성한 데가 없는 것 같다. 마르고 호리호리한 작은 체구가 살아온 생을 고스란히 말해주는 듯하다.

할머니와 집안 얘기, 씨앗 얘기를 나누고 있는데 모내기를 하던 아들이 먹을 것이 가득 든 상자를 불쑥 내밀었다. 족발과 안주, 그리고 막걸리가 들어 있었다.

"이거 드시면서 말씀하세요."

당신한테는 퉁명스럽지만 남한테는 자상하다는 아들이다. 엄마를 닮아서 순하기 그지없는 모습이다.

하늘을 보니 비가 막 쏟아질 것 같다. 인터뷰를 끝내고 할머니

마침 유월두를 파종하
시던 이순영 할머니

에게 밭 구경을 가자고 청했다. 토방 가장자리에 놓인 밥그릇에 파종
할 콩이 담겨져 있었다.

　"토종 콩도 새가 먹더라구. 그래서 소독약을 묻혀 놓았어."

　콩 그릇과 호미를 들고 할머니와 함께 밭으로 갔다. 집에서 100
미터쯤 떨어진 곳에 밭이 있었다. 풀 하나 없이 새순이 몇 잎 자란 콩
밭이었다. 할머니 말씀대로 새들이 콩 순을 따 먹어 듬성듬성 비어 있
었다. 할머니는 밭에 들어가 빈 곳을 찾아 호미로 땅에 구멍을 내어
두 세알씩 심어 나갔다. 집 안에서는 허리가 아파 겨우 움직이던 할머
니가 밭에서는 언제 아팠냐는 듯이 재빠른 몸놀림으로 콩을 심었다.
같이 심겠다고 하니 할머니는 한사코 만류했다. 비가 쏟아질지도 모

르니 어서 자리를 뜨는 게 할머니를 도와주는 일이겠다 싶어 멀리서 사진을 찍고 작별 인사를 했다.

나 또한 찌뿌둥한 몸을 추스르고 밭에 나가서 일하다 보면 몸과 마음의 시름을 모두 잊는다. 제아무리 늙고 병들어도 몸을 움직일 수 있는 한, 씨앗과 호미를 들고 밭에 나가기만 하면 말그대로 '무념무상'에 빠질 수 있다. 밭이야말로 진정 생동하는 농부들의 놀이터이다.

"우리 같은 인생들에 뭐가 있다고 이렇게 고생하며 돌아다녀. 살다 살다 별일 다 보네."

할머니의 목소리는 시원하면서도 심상하다. 할머니가 작년에 이어 씨앗을 바리바리 싸주었다. 채종하는 것이 얼마나 힘든지 아는 우리는 염치없지만 감사히 받았다.

"할머니 훌륭하게 잘 살아오셨습니다. 할머니가 지켜온 씨앗, 할머니의 인생 그 모든 것이 귀한 유산입니다."

# 화성에서만
# 볼 수 있는
# 갓무김치

**김용권(76세)**
갓무, 긴호박

"갓무김치는 여기 사람들만 먹어.
봄철에 입맛을 돋워 주지."

김용권 할아버지의 집은 600평 규모의, 유실수와 작물, 화초가 어우러진 정원이다. 할머니들이 텃밭을 예쁘게 꾸미는 것과는 사뭇 달랐다. 할아버지의 부인은 10년 전 뇌경색이 와서 거동이 불편한 상태다. 할아버지 혼자 '취미로 하는 것'치고는 노동시간이 많이 들 것 같다.

"아침 기상해서 해질 때까지 하는 거지."

2016년 화성시에서 처음으로 갓무라는 것이 수집되었다. 김용권 할아버지를 찾은 것은 그 갓무 때문이었다. 할아버지는 염전 일을 하면서 갓무 짠지, 즉 갓무김치를 만들어 먹었다고 한다. 갓무는 지역적 특색이 반영된 화성만의 토종 씨앗으로 자리매김이 가능할 것 같다.

할아버지가 나고 자란 송산면 쌍정1리는 100가구가 살았던 큰 마을이었는데 지금은 75가구가 살고 있다. 어렸을 때는 벼, 보리, 콩 농사를 지어 주로 자급을 했다.

"여기 사람들은 배가 불러서 염전에는 안 다녔어요. 저기 전라도에서 사람들이 많이 올라왔어요. 거기 사람들이 여기 와서 자리 잡고 염전일을 했죠."

이후 이 지역에는 전라도 사람들이 많아졌다고 한다.

염분이 많은 땅이라 작물이 잘 되지 않았을 것 같아 조심스레 물었더니 할아버지는 자급을 위주로 해서 그 당시에는 그것이 큰 문제는 아니었다고 했다.

"토양에 염분이 많으니 작물이 잘 안 되긴 하죠. 우리 어렸을 때는 여기까지 갯물이 들어와서 망둥이도 잡고 그랬는데 시간이 오래

지나다 보니 땅이 좋아졌어요. 일고여덟 살 때는 갯고랑에 바닷물이
들어왔어요. 여기 뒤가 다 갯고랑이에요. 한 60년 지나면서 바닷물기
도 다 빠졌어요. 지금은 거기에 모를 심는데 잘돼요. 대신 물을 안 대
주면 죽어요. 물이 마르면 땅이 뽀애지면서 작물이 말라 죽거든요. 항
상 물이 있어야 됩니다."

　　가뭄만 없으면 짠 기운이 있으니 수확한 작물은 더 맛이 있다
고 한다.

　　김용권 할아버지는 팔탄면 어느 박 농장 앞에서 재배하던 것을
얻어다 갓무를 심었다.

　　"마을 이름은 기억이 안 나요."

유실수와 작물, 화초가
어우러져 정원 같은 김
용권 할아버지의 밭

한 번 심어 꽃이 피면 채종해서 또 심었다. 갓무는 전라도 여수 갓과 비슷하다. 여수의 돌산갓처럼 갓무도 뿌리가 굵게 나온다. 그걸 '밑이 앉은' 모양이라고 한다. 조선배추 '꼬랑지'와 비슷하다고 할까? 생으로 먹으면 아려서 이곳에서는 옛날부터 호박을 함께 넣어 김치를 담갔다.

갓무김치 담그는 법을 자세하게 물어보았다. 잎과 무를 같이 해서 갓김치 담그듯 하는데, 거기에 늙은 호박을 껍질째 총총 썰어서 같이 버무린단다. 늙은 호박으로 담는 김치를 일명 호박김치라고 하는데, 긴호박이 맛이 좋아 긴호박으로 한다.

"호박은 안 넣고 갓무로만 김치를 담그면 어때요?"

"그렇게는 안 해봤어요. 예로부터 여기 노인들이 그렇게 해오셔서 다들 그렇게 만들어 먹는 거죠. 장독에 넣어 저장하고 봄까지는 먹어요. 봄까지 먹으려면 간을 좀 더 세게 해요."

갓무의 잎은 갓처럼 매콤하지 않고 아려 날로 먹기 어렵단다. 떫은맛도 아니고 '콕 쏘는 맛'이다.

다른 지역에서 수집된 뿌리갓 또는 밑갓[5]은 잎을 쌈으로도 먹고 뿌리와 함께 김치를 담가 먹을 수도 있다. 갓무 잎은 아려서 생것으로 못 먹는다는 것이 다른 갓과의 차이인 듯하다.

갓무 뿌리 길이는 한 주먹 반 정도로 순무보다는 작다. 거름을 많이 하면 크기는 커지지만 거름이 과하면 크기만 커지고 속이 텅 비게 되므로 거름 양 조절을 잘해야 한다. 일반 무도 거름이 세면 심이

---

5  횡성에서 수집된 갓으로 뿌리의 굵기가 크고 길다. 할머니 할아버지들이 종종 '밑이 앉는다'라고 표현한다. 이 말에서 비롯된 것이 '밑갓'이다.

박히거나 속이 텅 비는 것과 같은 이치다.

"옛날 다깡무라고 왜무도 거름을 세게 하면 머리 위 밑창이 비어요."

속이 빈다는 것은 무에 바람 드는 것과 비슷하다. 까매지면서 바람이 드는 것이다.

갓무김치는 밥할 때 밥솥에다 같이 쪄 먹기고 한다.

"옛날에는 가마솥에 밥할 때 그 위에 갓무김치를 올려서 쪄서 같이 먹었어요. 쌀하고 같이 버무린 김치를 안치는 거예요. 그게 익으면 국물도 구수한 게 참 맛있어요. 노인들은 이가 아파서 생걸 잘 못 드시잖아요. 찌면 물렁물렁해져서 식감이 먹기 좋아요. 바로 먹으면 떫고 아리니까 나중에 익혀서 먹어요. 김치찌개도 그렇고. 김치찌개를 끓이면 그게 그렇게 감칠맛이 나요."

갓무라는 이름은 '무처럼 생겼는데 좀 매콤해서' 그렇게 지어졌는지 모르겠다고 했다. "배추 꼬랑지처럼 생기기도 했고 강화순무랑 비슷하기도 해요. 다른 지역 사람들은 갓무를 몰라."

갓무는 8월 중하순경에 씨앗으로 파종하고 11월 말경에 뿌리째 수확한다. 씨앗을 받으려면 뽑아서 보관했다가 이른 봄에 땅이 녹으면 무 장다리 박듯이 밭에 옮겨 놓고 꽃이 올라오면 씨를 받는다. 갓처럼 노란 꽃이 피고 잎은 결각이 심하다. 갓무는 총각무 심듯이 솎아 주면 알이 잘 앉는다. 판매한 적은 없고 한 두둑 정도만 하면 친척과 동네 사람들과 실컷 나눠 먹을 수 있다.

"팔지는 않고 마을 주민들과 나눠 먹고 김장 때 되면 친척들이 와서 심어놓을 걸 보고 얻어가요. 도시로 출가한 사람들은 시골에서 먹어봐서 그 맛을 알거든요. 젊은 사람들은 귀찮다고 안 해먹지만 늙은 사람들은 김장해서 먹으면 되니까."

이곳 사람들이 갓무를 즐겨 먹게 된 이유는 무엇일까? 전해들은 얘기가 다지만 무엇인가 유래가 있었던 것일 터 상상력을 동원해보기로 했다.

갓무김치에 긴호박을 넣는 이유는 늙은 호박 중에서 긴호박이 더 달기 때문이 아닐까? 나는 긴호박을 날것으로도 먹는다. 그 정도로 단맛이 강하다. 김용권 할아버지는 어떻게 먹는지 여쭤보았다.

"호박은 호박고지 만들고, 갓무김치 담글 때 주로 넣어요."

갓무 외에 김장할 갓도 따로 심어서 쓴다. 갓무는 갓무김치 할 때 순수하게 호박하고만 버무린다.

김용권 할아버지는 긴호박을 호박고지나 중탕용으로만 쓴다. 호박을 김치로 담글 때 유의할 점은 껍질을 벗기지 않는 것이다. 껍질을 벗기면 호박이 물러진다. 먹을 때 껍질을 먹는 사람도 있지만 뱉어가면서 먹는 이도 있다. 호박김치는 껍질 안 벗기고, 호박고지만 껍질을 벗겨서 한다고 재차 강조했다. 갓무호박김치는 담가서 바로 먹지 않고 2, 3월에 먹는다.

"원래 그걸 봄 반찬이라고 해요. 입맛 없을 때 먹으면 맛있어요."

갓무호박김치는 2월 초까지는 상온에 두어도 괜찮지만 이후에는 냉장고나 땅속에 넣어야 맛을 유지할 수 있다. 김용권 할아버지는 냉장고에서 숙성시킨다.

"땅속에 넣어보니까 이 지역이 물이 많아서 그런지 독에 물이 생겨. 원래 독에 물이 안 들어가는 건데 물이 생겨요."

염분 때문에 그럴 것 같다.

"글쎄 이유는 모르겠어요. 어느 해는 아랫집에서 담근 김치를 다 버렸어요. 우리는 여태껏 김치를 땅에 묻어본 적이 없어요."

흥미로운 얘기였다. 나는 소금의 삼투압 현상 때문일 것이라고 추측한다.

"모르겠어요. 우리 부락은 땅에 묻는 사람이 없어요."

# 또 다른
# 갓무김치
# 만드는 법

2016년 김용권 할아버지한테 갓무 씨앗을 수집할 때, 서신면의 홍현상 할아버지한테서도 갓무가 수집되었다. 대물림으로 이어온 홍현상 할아버지의 갓무김치는 만드는 법이 약간 달라서 기록해둔다.

홍현상 할아버지는 8월 말에 갓무를 심어서 쭉 갓무김치를 해먹어 왔다. 김용권 할아버지는 호박과 함께 담그지만 홍현상 할아버지는 갓무를 김장 김치 담그듯이 한다. 홍현상 할아버지는 갓무 이름의 유래도 잘 알지 못한다. 혹시 갓처럼 생겨서 그런가 물어보았다.

"모르지. 옛날부터 그렇게 불렸는데. 모양이 갓처럼 생기지 않았어. 뿌리가 무같이 생겼어."

그럼 무라고 하지 왜 갓무라고 했을까?

"무처럼 뿌리가 있으니까. 갓은 뿌리가 없잖아."

"김장 김치처럼 담그면 맛은 어때요? 떫은맛이에요?"

"특유의 냄새가 있지. 그거 싫어하는 사람은 싫어해. 우리 부모님 때부터 심어서 먹었어."

갓무는 다른 이들이 심지 않아서 여기서만 나오는 귀한 종자이다. 생것으로 먹을 수는 있는데 질겨서 먹기 그렇다고 한다. 김치냉장고에 보관하면 일 년 내내 먹을 수 있고, 들기름 넣고 물 넣고 졸여 먹으면 맛있다.

"요새 젊은 친구들도 좋아하는 맛일까요?"

"우리 애들은 좋아해. 호불호가 강한 것 같아."

"특유의 냄새는 갓 향인가요?"

"그렇지. 노르지근한 냄새가 나. 가을에 무를 뽑아서 잘 보관해 뒀다가 봄에 그거를 심는 거야. 그러면 거기서 순이 나오고 꽃이 나올 거 아니야. 그래서 씨를 받는 겨. 11월 말에 김장하고."

# 미숫가루
# 해먹으려고
# 쌀보리를
# 심어요

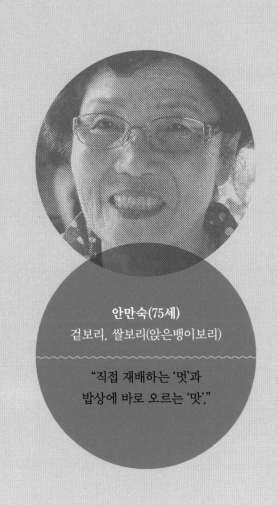

안만숙(75세)
겉보리, 쌀보리(앉은뱅이보리)

"직접 재배하는 '멋'과
밥상에 바로 오르는 '맛'."

봉담읍은 화성의 중심부로 개발이 많이 되었지만, 개발 지역 뒤편 후미진 곳에 있는 작은 마을에는 아직 전통 농가와 텃밭이 여전히 남아 있다. 이런 곳에서 토종 씨앗을 보전하고 있는 할머니들을 종종 만날 수 있다. 안만숙 할머니의 집도 지어진 지 50년이 더 된 농가다. 지붕을 덧달아 방을 만든 것 말고는 나무 대문과 쪽문이 옛날 모습 그대로이다. 텃밭 앞에 우물도 있다. 냉장고가 없을 때는 김치 통을 우물 안에 보관했다. 우물 속에서 자연 발효된 김치는 맛이 아주 좋았다. 할머니의 100여 평 남짓한 텃밭 가장자리에는 작물과 각종 꽃이 심어져 있다.

아름다운 텃밭에는 '동네 사람들에게 나눠주려고' 심은 들깨 모종이 빼곡히 자라고 있었다. 담을 경계로 수십 년을 살아온 사과, 대추, 앵두나무가 서 있다. 오이 터널도 자연스레 어우러져 있다. 텃밭은 각지게 반듯하지 않다. 안만숙 할머니가 이 집으로 시집왔을 때 모습 그대로이다. 할머니들은 땅 한 뼘이라도 소홀히 대하지 않는다. 경사진 곳에는 곤드레, 취, 블루베리 등 각종 산채류가 자라고 있다. 우물 배수로로 연결된 물이 흐르는 곳에는 미나리와 파가 자라고 있다.

어느 한 곳도 소홀하지 않게 자연스레 만들어진 밭은 말그대로 한국형 정원 텃밭이다. 오래된 옛집 옆 우물이 놓인 텃밭, 나무 아래 남정네들의 쉼터 그리고 대문 안뜰, 할머니와 대화를 나눈 마당, 모두가 그토록 잘 어울릴 수가 없다. 정말이지 정갈하고 평화로운 풍광이다. 농사짓는 밭과 집을 보면 농부의 철학을 알 수 있다는 나의 평소 주장은 이번에도 잘 들어맞았다.

활짝 열린 나무 대문 안으로 시선을 사로잡은 것은 화단 위 한

그루의 포도나무였다. 줄기가 화단의 경계로 굽이쳐 있는 것이 한 폭의 정물화를 연상케 했다.

"이 포도나무는 시집왔을 때 뒤란에 있었는데 앞뜰이 습기가 덜해서 옮겨놓았어요. 옮긴 지도 55년이 됐네요. 우리 딸이 지금 쉰하나니까. 55년 만에 작년 추위에 얼어 죽은 줄 알고 오천 원짜리 묘목을 사와 심었어요. 그런데 여기 눈이 나온 걸 보니 안 죽었어요."

굵은 가지에 순이 드문드문 보인다. 오래된 생명이란 그리 쉽게 죽지 않는 법이다. 포도나무는 늙을수록 그 멋스러움이 더해진다. 50년이라는 세월을 살아온 포도나무가 겪은 강추위가 어디 2017년 겨울 추위뿐이었을까.

왼쪽 할머니 손엔 겉보리, 오른쪽 필자 손엔 쌀보리

"예전에는 포도가 주렁주렁 열렸어요. 백 개도 더 땄지. 경관도 아주 볼 만했어요. 뿌리가 좋으니까."

맞다. 뿌리 깊은 나무는 어떤 시련에도 잘 쓰러지지 않는다. 캠벨은 꽤 오래된 품종으로 어릴 적 나의 집 마당에도 있었다. 까맣게 익으면 단맛과 신맛이 잘 어울려 '포도주'를 담가 먹곤 했다. 이 마을에는 포도밭이 많은데 포도 농사로 자식들을 대학까지 보냈다고 한다.

안만숙 할머니를 취재 인물로 선정한 이유는 보리를 두 품종이나 하고 있기 때문이다.

"미숫가루를 해먹으려고 전라도 해남 땅끝마을이 친정인 동네 아줌마에게 쌀보리 씨앗을 조금 구했어요. 그때부터 6년 정도 재배했어요. 쌀보리는 눈도 있고 영양가도 많다 싶어서요."

쌀보리는 키가 작아서 해남 지역에서는 앉은뱅이보리로 불리는데, 추위에 취약해 주로 남부지방에서 재배하는 보리 품종이다. 화성 지역에서는 대체로 추위에 강한 겉보리를 한다. 쌀보리가 화성 지역에서도 가능하다는 것이 신기했다. 보리는 추석 지나 양력 10월에 파종하고 이듬해 6월 초에 수확한다. 할머니 말에 따르면 쌀보리는 작은되로 반 되 정도 심으면 두 말 정도 수확할 수 있다고 한다. 반면 겉보리인 늘보리는 한 되를 파종해야 두 말 정노를 수확한다고 한다.

할머니는 미숫가루를 만들어 먹으려고 쌀보리를 재배하지만 겉보리로도 미숫가루를 만들 수는 있다. 겉보리 미숫가루는 맛이 좀 떨어지는 편이다. 그래서 할머니는 쌀보리로 미숫가루를 만들거나 밥에 섞어 먹는다.

할머니는 부드러운 미숫가루를 만드는 방법을 알려주었다.

"콩을 볶아서 하면 소화가 잘 안 돼요. 뻥튀기를 해서 빻으면 돼요. 찹쌀도 뻥튀기를 해서 같이 빻아요. 이렇게 미숫가루를 만들어 두면 어린 손자까지 미숫가루를 잘 먹어요."

미숫가루를 굳이 직접 재배해서 먹는 이유는 단순하다. 대부분의 농가에서 말하듯이 직접 해먹으면 '더 맛있기' 때문이다.

"지금은 하도 좋지 않은 것이랑 섞어서 파니까 못 믿어요. 자식이나 손자들은 내가 직접 만들어 주니까 좋아서 잘 먹어요. 수원 남문시장 뻥튀기 하는 데 가면 나 같은 사람들이 줄을 섰어요."

가공식품이 아무리 넘쳐나도 자고로 음식이란 직접 재배하는 '멋'과 밥상에 바로 오르는 '맛'을 따라갈 수 없으리라.

보리차로 마실 때는 겉보리와 쌀보리를 둘 다 볶아서 쓴다.

보리밥을 주로 먹었던 할머니의 어린 시절에는 방앗간에서 겉보리를 도정하고 나온 보리 겨를 모아 빵을 해먹었다. 밀가루가 귀하던 때다. 보리 겨에 소다를 넣어서 개면 불그스름해진다. 찜기가 없던 시절이라 솥에다 물을 넣고 나뭇가지를 꺾어 넣고 그 위에 보자기를 깔고 찐다. 밥에 넣어 찔 때는 호박잎을 밑에 깔았다.

"지금이야 보리 겨를 버리지. 소다를 넣고 하면 구수한 맛이 나요. 지금 그걸 해먹으려면 방앗간에 가서 겨를 받아와야 해요."

예전에는 지푸라기 하나도 쉽게 버리지 않았다. 그때는 보리를 많이 심어서 보리 짚으로 불을 때서 밥을 해먹었다.

안만숙 할머니는 피부가 좋고 곱게 나이 드셨다. 시집을 온 뒤로는 농사를 고생스럽게 짓지 않았단다. 시아버지가 면장이었고 남편은 공무원이었으니 집안 형편이 어렵지 않았던 것이다. 집이나 텃밭이

피부결이 고우신 안만숙 할머니

다 여유로워 보였다.

　"옛날에는 통통하고 예쁘다는 소리 들었는데. 이제는 늙었잖
아요." 하시며 휴대폰 속 딸 사진을 보여준다. 사람의 얼굴은 인생을
살면서 만들어진다지만 미모의 유전자도 씨앗이라 대물림이 당연한
것 같다.

# 수수 농사
# 물려주기

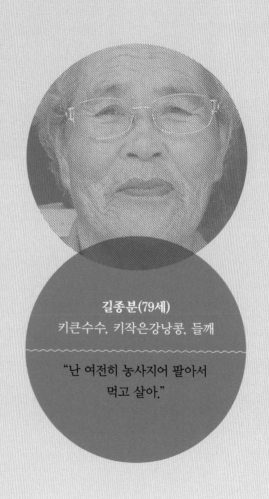

**길종분(79세)**
키큰수수, 키작은강낭콩, 들깨

"난 여전히 농사지어 팔아서
먹고 살아."

마을 맨 윗집. 아래가 훤히 내려다보이는 대문을 바라보면서 "여기가 할머니 집일 거야."라고 함께 온 취재팀에게 말했다. 토종 씨앗을 하는 할머니의 집은 뭐가 달라도 달랐다. 정감이 살아 있다고 할까. 우리는 대문이 활짝 열려 있는 '전망 좋은 집'으로 들어갔다.

길종분 할머니는 농사일로 바쁜 분이지만 인터뷰를 모아 책으로 낸다고 하니 얼굴에 분을 곱게 바르고 옷을 차려입고 우리를 기다리고 있었다. 할머니들에게 사진을 찍자고 하면 늘 "아이고 얼굴도 쭈그러지고 옷도 엉망인데." 하면서도 손으로 머리를 곱게 매만지곤 한다. 사진을 찍는 일은 할머니들에게 오랜만에 얼굴을 가다듬게 만드는 하나의 '사건'이 아닐까.

여든넷의 할아버지와 함께 지금도 농사를 짓고 있는 길종분 할머니는 자급은 물론 팔기 위한 농사를 짓고 있다. 전기 검침을 하러 오는 이나 지나가는 사람들이 요청하면 판다고 한다. 하지만 수확량이 많아 그런 것에만 의존할 수는 없다. 로컬푸드 직매장 얘기를 자세하게 전해 드리니 할머니도 꼭 참여하고 싶다고 했다. 하지만 차량이 없어 현재로서는 당장 참여하기는 어려울 듯했다. 마을의 젊은 사람이 도와주지 않는 한, 또는 로컬푸드 직매장에서 이러한 문제를 해결해주지 않는 한 할머니의 바람은 쉽게 실현될 수 없어 보인다.

할머니는 '키큰수수'와 '키작은강낭콩'을 보전하고 있다. 옛날부터 키큰수수로 부꾸미를 만들거나 밥에 넣어 먹었다. 수수 하면 부꾸미가 제일 먼저 떠오른다. 부꾸미는 빻은 수수 가루를 익반죽해서 동그랗게 굴렸다가 손으로 눌러 프라이팬에 지지다가 팥소를 넣어 만드는 것이다. 팥소는 붉은팥이나 알록달록한 개구리팥을 사용한다.

할머니 설명에 따르면 키큰수수는 찰지고 키작은수수는 메지다.

"작은 수수는 재래종이 아니에요. 나온 지는 오래되었지만."

장목수수나 옛날 수수는 모두 키가 크다. 키가 작은 것은 육이오전쟁 이후 개량되어 보급되었다. 농민들이 수수 재배를 기피하는 가장 큰 이유는 새 피해 때문이다. 망을 쳐도 그 속으로 들어간다고 한다.

"작년에는 하나도 못했어. 씨앗 할 것만 겨우 했어."

키큰수수는 새 피해가 더 많지만 할머니는 찰진 맛 때문에 새 피해가 있어도 계속 한단다. 수수는 웬만한 곳에서도 잘 자라고 적은 양을 파종해도 수확량이 괜찮은 편이라 새 피해가 있다 해도 꾸준히 하게 된다.

"작년에는 일곱 되밖에 못했어."

지금은 새가 '죽기 살기로 먹는다'며, 할머니는 새 피해가 왜 그렇게 많은지 알 수 없다고 했다.

할머니 연세는 일흔아홉, 그러니까 60년 이상 농사를 지었다. 시집오기 전에는 회사를 다녔다.

"시집이라는 것이 연 따라 가는 일이니…."

시댁에서 키큰수수를 많이 심고 절반은 들깨와 콩을 심었다. 수수는 6월 중하순에 모종을 해서 '아주심기(온상에서 기른 모종을 밭에 내다 제대로 심는 일)'를 한다. 밭 가장자리에 들깨 모종하듯 5개씩 심기도 한다. 관건은 열매가 익을 무렵이다. 망 대신 차광막을 씌웠는데도 새 피해는 속수무책이다.

할머니는 작년에 키큰 수수를 일곱 되 수확하셨단다(위), 아래는 강 낭콩밭 모습

"배추 망으로 했는데도 기가 막히게 쪼아. 까치든 참새든 새들이 정말 많아. 망 안으로 들어가는데 도리가 없어."

키작은꼬부랑수수마저도 새가 잘 먹는다고 한탄했다.

새 피해를 견딘 수수를 수확해 놓았다가 먹을 때마다 절구에다 비벼 껍질을 까서 부꾸미와 옴팡떡을 해먹는다.

옴팡떡은 수수 가루를 익반죽해서 찐 뒤 강낭콩 가루나 팥고

물을 입혀 만든다. 수수는 반드시 뜨거운 물로 익반죽을 해야 한다. 시집와서는 옴팡떡을 주로 해먹었고, 지금은 수수부꾸미를 만들어 먹는다.

"예전에는 먹을 것이 귀했어도 이웃 사람들과 같이 옴팡떡을 해서 나눠 먹었어. 지금은 박하게 살아서 나눠 먹는 거 잘 안 해."

농사가 기계화가 된 뒤부터 모 심을 때 밥도 안 주고 인색해졌 단다. 기계화가 되기 전에는 동네 사람들이 서로 품앗이로 농사를 돕 고 살았기에 밥을 같이 해서 나눠 먹었다. 품앗이가 사라지니 인심이 자연스럽게 사라졌다. 기계화는 우리의 풍속도를 완전히 바꿔 놓았 다. 할머니는 50년 전에 이앙기를 처음 써봤는데 마을 사람들이 이앙 기 한 대를 함께 사서 다 같이 사용했단다. 이후 정부가 지원하기 시 작하면서 집집마다 이앙기를 가지게 되었다. 결국 기계화로 인해 일견 농사일이 쉬워지기는 했지만 서로 돕는 품앗이도 사라지고 인심도 사 라져 버렸다.

가을에 수수가 머리를 숙이고 알이 빨갛게 익으면 이삭 좋은 걸로 두서너 개 베어 처마 끝에 매달아 놓는다. 나머지는 줄기를 잘라 서 하우스에 널어놓고 말린 다음 방망이로 떤다. 도리깨는 양이 많을 때 사용한다.

재래종 수수가 키가 큰 이유는 아마도 알곡을 털어낸 뒤 수숫 대를 다양하게 활용할 수 있기 때문이리라. 옛날에는 수숫대를 엮어 서 울타리를 만들거나 흙을 붙여 이엉으로 썼다. 옛날 집들은 모두 초 가였으니 이엉으로 활용하기에 키 큰 수수가 제격이었을 것이다. 키가 작으면 용도가 다양하지 못할 테니까. 가마니를 짜거나 초가지붕으로 사용하기 위해서 볏짚이 키가 큰 것처럼 말이다. 수수로 방 빗자루를 만들기도 한다. 우리 집에서도 수수 빗자루를 사용한다. 빗자루를 만들 때는 다른 품종의 수수로도 가능하다.

"내가 죽으면 수수 재배할 사람도 없어."

농사를 이어받을 사람이 없으니 씨앗의 대물림도 끝이 난다. 우리 같은 사람이 토종 씨앗을 찾아 나선 이유와 할머니가 씨앗을 흔쾌히 내어주는 이유가 딱 만나는 지점이다.

"자식 대에서 끊어지니 농사를 짓고자 하는 사람들이 이어가 주면 좋지."

길종분 할머니 대를 이어 키큰수수를 농사지을 이는 없다고 한다.

# 농사도
# 자식을
# 위한 일

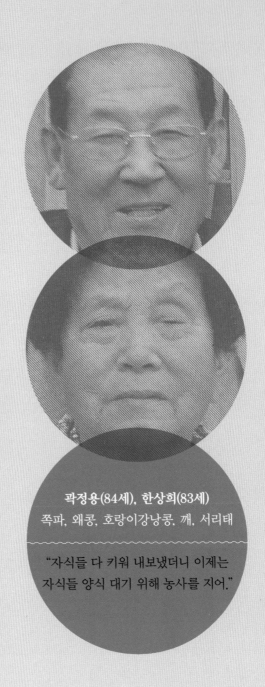

**곽정용(84세), 한상희(83세)**
쪽파, 왜콩, 호랑이강낭콩, 깨, 서리태

"자식들 다 키워 내보냈더니 이제는
자식들 양식 대기 위해 농사를 지어."

2017년 토종 씨앗을 여러 종 수집했던 곽정용, 한상희 어르신 댁을 다시 찾았다. 노부부는 마당에서 종자로 캔 쪽파 씨뿌리를 다듬고 있었다. 한상희 할머니가 쪽파를 다듬어 분리하면 곽정용 할아버지는 가지런하게 묶어 담벼락에 걸어 놓는다. 두 분처럼 대문 앞에 앉아 같이 일하는 모습은 시골에서도 드문 풍경이다. 팔순이 넘도록 함께 늙어간다는 것이 그리 쉽지 않기 때문이다. 할머니는 허리가 굽었지만 할아버지는 여전히 건강한 모습이다.

이 집에서 7대째 살고 있다. 곽정용 할아버지가 군 복무하던 중에 한상희 할머니가 화성시 서신면 매화리 매골에서 시집와서 평생 농사만 지었다. 논농사 1500평과 밭농사 800평을 자급 위주로 지어서 2남 2녀를 둔 부부는 '품팔이'로 자식을 길렀다.

"자식 교육비는 많지 않았어. 육성회비가 5천원 정도였으니까."

대학을 가지 않는 한, 교육비가 많이 들지 않던 때였다.

"예전에는 힘들게 살았어. 그때는 안 힘든 사람이 없었으니까. 배우지도 못해 눈 뜨고 장님이야."

종이를 내밀며 성함을 적어 달라고 했더니 할머니는 이름만 겨우 쓸 줄 안다고 했다.

두 분이 사는 이곳 봉담읍은 2006년부터 개발이 시작되어 땅 팔고 나간 사람이 많았다.

"부자들은 다 나가고 가난뱅이만 남았어."

부부가 소유하고 있는 땅이 대부분 그린벨트라서 팔 수가 없다. 어쩔 수 없이 농사를 계속 지어야 했다. 역시 개발도 '로또'와 같아서 골고루 나눌 수 있는 것이 아니다.

힘든 살림살이지만 자식들이 수도권에 살고 있어 번갈아 주말에 와서 농사를 도와준다.

"자식들 다 키워 내보냈더니 이제 자식들 양식 대기 위해 농사를 지어."

두 분이 다듬고 있는 쪽파 모양을 보니 두 종류였다. 둥글고 목이 긴 것은 옛날 김장용 쪽파이고, 쪽이 있는 것은 요즘 흔히 심는 쪽파다. 모양은 다르지만 맛과 분얼(식물 줄기의 밑동에 있는 마디에서 곁눈이 발육하여 줄기, 잎을 형성하는 일)하는 쪽수는 거의 비슷하다.

두 분은 쪽파 외에도 많은 품종을 갖고 있었다. 그중에서 녹두는 녹두전으로 쓰고, 나머지는 아이들에게 나누어준다. 녹두는 청포묵과 숙주나물, 녹두죽 등 용도가 다양하여 자식들이 즐겨 찾는다. 팥도 붉은팥과 개구리팥 두 품종을 하는데 붉은팥은 고사용 떡, 개구리팥은 떡과 죽을 해먹기도 하지만 자식들이 가져가서 판다. 키작은강낭콩도 여러 가지가 있다. 살구색 바탕에 붉은 줄기가 있는 강낭콩과 얼룩덜룩한 것과 호랑이강낭콩, 빨갛고 키 작은 강낭콩 그리고 왜콩이라고 불리는 것을 보전하고 있다. 여러 가지 강낭콩은 주로 밥밑콩으로 이용한다.

화성시 씨앗 수집 중에 키 작은 강낭콩을 대체로 '왜콩'이라고 불렀다. 이름의 유래를 물어도 확실하게 대답해 주는 분이 없었다. '일본에서 들어와서 왜콩이라고 부른 게 아닐까요' 하고 여쭈었더니 할아버지의 어릴 적, 그러니까 일제강점기부터 재배해온 것이니 그럴 수 있다고 했다. 반면에 호랑이강낭콩은 울타리형 강낭콩으로 근래에 들어온 것이라고 했다. 그렇다면 종류가 다양한 울타리형 호랑이

윗줄 왼쪽부터 황파, 옛날 쪽파와 개량 쪽파, 녹두, 개구리팥, 키작은강낭콩, 푸르데콩, 들깨, 조선아욱.

강낭콩은 미국으로부터 들어온 것이 아닐까 싶었지만 역시 확인할 길은 없었다.

밥밑콩으로 먹는 강낭콩류는 수확해서 그 철에 먹어야 맛있다. 해를 넘기면 맛이 떨어진다. 왜콩은 여름에 수확한 뒤, 그 씨앗을 7월에 바로 심으면 가을에 또 수확할 수 있다. 1년에 두 번을 심을 수 있어 두벌콩이라고도 부른다.

푸르데콩은 주위에서 심어 보라고 해서 얻어 심었다. 밥에 넣어 먹는 푸르데콩은 10월에 수확해서 주로 겨울에 먹는다. 서리태는 밥에 물이 드는 반면에 푸르데콩은 밥에 물이 들지 않는다. 두 분 입맛에는 서리태가 달고 맛있다. 푸르데콩은 서리태에 비해 맛이 떨어진다.

부부가 팔기 위해 농사짓는 것 중 하나가 들깨다. 들기름을 만들어 식구끼리 나누고 나머지는 자식들이 팔아준다. 중국 들기름에 비해 맛과 향이 뛰어나 소득을 올리는 데 도움을 준다.

아욱은 잎이 작고 결각이 큰 조선아욱을 재배한다. 잎이 큰 것은 개량 아욱이다. 조선아욱은 된장 넣고 쌀을 넣어 죽으로 끓여 먹거나 아욱국으로 먹는다. 옛날 노인들은 입맛이 없을 때 아욱죽을 쑤어 달라고 했단다.

조선시금치도 보통 데쳐서 나물로 먹지만 삶아 죽을 쑤어 먹기도 한다. 시금치와 아욱은 우리 조상들이 오래 전부터 먹어온 것이지만 화성 지역에서는 잘 심어 먹지 않는 것들이다. 근대는 예전에 젖소의 먹이로 먹였던 사료라고 한다. 참깨도 신품종은 맛이 없어 옛날 깨를 재배한다.

곽정용 할아버지와 한상희 할머니

할머니는 대화 도중 자주 '씨앗이 미쳐'라고 했다. 한 종을 오래 심으면 잘 안 되는 때가 있는데 그걸 '미친다'라고 표현한다. 그래서 몇 년에 한 번씩 이웃과 씨앗을 바꿔 심는다고 한다. 가령 마늘이 미지면 육 쪽이 열 쪽이 되거나 마늘쪽에서 마늘종이 나온다고 한다. 열 쪽이 돼도 맛 차이는 별로 없다. 그래도 마늘이 작아지니까 주아(자라서 줄기가 되어 꽃을 피우거나 열매를 맺는 싹)를 새로 심어 통마늘을 거두고, 통마늘을 심어 다시 육쪽마늘이 나오면 그것으로 계속 심는다.

얘기를 마치고 헤어질 무렵, 한상희 할머니는 요즘 개량종 시금치와 파는 씨앗이 나오지 않으니 옛날 씨앗을 심으라고 하면서 심을 씨앗들을 바리바리 챙겨주었다. 할머니는 토종 씨앗으로 농사짓는 농부에게 가장 큰 선물이 씨앗이라는 것을 잘 알고 있었다. 한 자밤[6]의 씨앗이라도 나누는 것, 할머니에게는 익숙한 일일 것이다.

---

6  엄지손과 검지손이 만났을 때 집어들 수 있는 양

# 자꾸
# 심으면
# 토종이 되지요

**양한석( 83세)**
황기장

"맛이 좋아 이삭을 주워 와서 심었어."

경기도 지역을 돌며 토종 씨앗을 수집해 보니 서숙[7]으로 수수나 조 등은 간혹 나오지만 기장은 잘 나오지 않았다. 재래시장에서도 기장은 보기 드물어 중국산 기장을 사게 된다. 기장을 찾는 이가 별로 없다는 얘기다. 2017년 화성 수집 목록에서 '황기장'이라는 이름이 눈에 띄었다. 양감면에 살고 있는 양한석 할아버지에게 전화로 취재 요청을 했다.

약속한 날, 할아버지 댁에 갔지만 할아버지는 집에 없었다. 전화를 걸었더니 일찍부터 우리를 기다리다가 경로당에 막 청소하러 갔다고 하면서 금방 다시 오겠다고 했다. 10여 분을 기다렸을까. '쌩' 하며 대문 앞에 오토바이가 멈췄다. 헬멧을 벗고 내리는 아담한 체구의 할아버지는 마치 할리우드 영화에 나올 듯한 '폼' 좋은 젊은이를 연상케 했다. 갑자기 폼 나게 등장한 할아버지 모습에 우리들은 '와~' 환호 소리를 냈다. 이 동네에서 제일 연세가 많다는 양한석 할아버지를 보면 큰 질병이 없는 한 몸놀림은 나이와 상관이 없는 것 같았다.

할아버지와 인사를 나누고 나무 대문 안으로 들어갔다. 내가 어릴 적 살던 시골집의 구조와 비슷해 언제 집을 지었는지 물어보았다.

"73년도에 내가 직접 집을 지었지."

할아버지의 말 중 '직접'에 힘이 들어가 있었다. 그 당시 시멘트를 사용하기 시작했는데, 이 집은 시멘트와 나무와 흙을 적절하게 이용하여 현대적인 느낌과 고풍스런 느낌을 잘 살린 집이었다.

"이 집은 그 당시에 쌀 100가마로 집을 지었어요. 당시 한 가마

---

7　수수처럼 낱알이 모아져 있는 벼과 작물로 토양의 비옥도를 가리지 않고 재배할 수 있는 수수, 기장, 조 같은 것을 서숙이라고 한다.

가 1만 원 할 때니까, 대략 백만 원으로 집을 지었던 거죠."

쌀 백 가마니로 지었다니까 요즘 금액으로 환산하면 어느 정도일까? 쌀 한 가마 정부 수매 가격이 15만 원이니 100가마면 1500만 원이다. 지금으로 치면 6평짜리 집을 직접 짓는 정도이다.

"열다섯 살에 부모님이 돌아가셔서 엄청 고생했어요. 도둑질만 안 했지 다 해봤어요. 부모님이 갑자기 돌아가셔서 이사를 수없이 했고, 계속 농사만 지었어요."

이 집을 지을 때는 품앗이로 지었단다. 70년대에 '품앗이'는 농촌의 일상적인 풍경이었다. 집을 짓고 난 뒤부터 살림이 나아졌다. 우리나라에서 살림이란 '집 장만'이 기준점이 되는 것 같다.

"소도 키웠지. 10마리 키웠지. 그땐 경작할 내 땅이 없어서 남의 농사를 많이 지었어요. 콩도 몇 가마씩 했죠. 돈 되는 건 다 했어. 보리 베고 나서 콩 심잖아요."

소득을 위해서는 이모작이 기본이었다.

황기장 알곡(왼쪽)과 알곡을 털기 전 모습

그럼 황기장을 그때부터 해오셨을까? 뜻밖의 대답이 나왔다.

"어디 갔다가 먹어보니까 맛이 좋더라구. 그래서 이삭을 하나 주워 와서 심었지."

이삭을 얻은 것도 아니고 '주워 왔다'는 표현이 인상적이었다. 나도 조나 수수 등 이삭을 주워 와서 심었던 경험이 여러 번 있었다. 밭이나 길을 지나다 떨어진 나락을 주워 와 심는 것도, 새가 씨앗을 주워 먹고 배설물을 통해 씨앗을 퍼트리는 것과 비슷한 게 아닐까.

올해는 할아버지의 황기장을 마을의 예닐곱 집에서도 한다. 황기장 인기가 급상승한 것일까?

"밭 가장자리에 심으니 작년부터 동네 사람들이 우르르 하더라고. 또 내가 모종 내서 주니까 사람들이 좋아해."

농사꾼의 인심은 후하다. 내 입맛에 맛있으면 자꾸 나눠주게 된다. 씨앗처럼 모종도 마찬가지다. 특히나 모종은 모판흙이나 노동력이 들어간 것인데도 육묘상이나 종묘상에 팔지 않고 나눠준다. 농사 짓는 사람들에게 나눔은 생활이다.

황기장은 6월 중순경에 파종하는데 할아버지는 포트에 모종을 키워서 옮겨 심는 방식으로 한다. 씨앗이 귀해서기도 하지만 6월 중순 즈음에는 밭에 풀들이 한창 자라 있기 때문이다. 밭에 직접 씨앗을 심으면 풀과 구별이 잘 안 된다.

"새가 엄청 먹어요. 잘못하면 새한테 다 빼앗겨요. 고게 잘 쏟아지거든. 그래서 새가 좋아하는 것 같아요."

서숙 재배를 기피하는 이유 중 하나가 새 피해이다. 새와 동물 피해가 점점 커져 가는 이유는 농촌과 농사 환경이 바뀌었기 때문이다.

"예전에는 새 피해가 거의 없었어요."

어르신들은 백이면 백 똑같은 말씀을 한다.

"황기장은 잡곡으로 괜찮아. 서숙같이."

여기서 할아버지가 말한 서숙은 조를 일컫는 말이다.

할아버지는 서너 말 수확하는데 방앗간에서 껍질을 벗겨 와 팔기도 하고, 자급하기도 한다. 할아버지의 기장 값는 한 되에 만 원. 열 되면 10만원이다.

"많이 사먹는 사람도 없고. 많이 먹어야 1되도 채 못 먹어요."

"정남이나 팔탄에 있는 방앗간에 가서 찧어요. 잡곡만 취급하

바지런한 양한석 할아버지의 이동 수단은 주로 오토바이다

는 곳이 있더라고요. 조, 기장, 수수, 보리 다 해요."

그나마 팔탄면에 도정하는 방앗간이 있으니 다행이다. 방앗간이 인근에 없으면 택배로 주고받아야 해서 번거롭다. 그래서 기장이나 조와 같은 껍질을 도정해야 하는 잡곡류를 기피하기도 한다.

할아버지의 논농사와 밭농사는 주로 벼와 콩류였다. 아침나절에는 농사짓고 저녁나절에는 노인정에서 시간을 보낸다.

"농사짓다가 늙었는데 일만 하다 죽어?"

할아버지는 농사지어서 자식들 셋에게 쌀을 대준다. 자식들이 어렵다 하면 집도 대주고 차도 사준다. 자식을 길러 내보내도 농사짓는 부모는 자식들 먹을거리를 위해 또 농사를 짓는다.

"농사짓는다고 그렇게 쉽게 죽는 게 아니여. 공기가 좋아서 자기가 요령껏 잘하면 오래 살아."

할아버지는 첫인상처럼 긍정적이고 순응적이었다.

"급할 때는 사다가 하기도 해. 하다 보면 토종이 되잖아. 기장은 강원도에서 가져 온 거야. 달라고 해도 안 주더라고. 종자 한다고 달라고 했는데 안 줄 게 뭐 있어. 그래서 주워 온 거야."

양한석 할아버지의 재래종 황기장은 '할아버지가 강원도에서 새가 되어 물어온 씨앗'이었던 것이다.

# 손 큰
# 할머니,
# 손이 야무진
# 할아버지

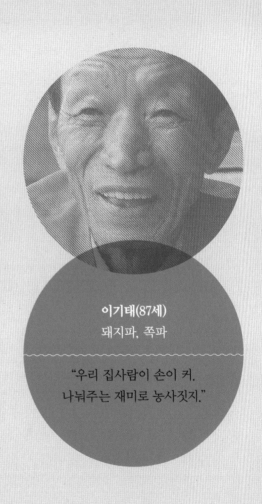

**이기태(87세)**
돼지파, 쪽파

"우리 집사람이 손이 커.
나눠주는 재미로 농사짓지."

우리가 취재하는 할머니들의 일상은 대체로 집안과 텃밭을 오가는 것이다. 간혹 할아버지가 눈에 띄지만 할아버지들은 바깥 활동이 많아 약속 잡기가 쉽지 않다. 봉담읍에 살고 있는 이기태 할아버지도 주말이 아니면 시간이 어렵다고 하여 혹여 품이라도 나가시나 생각했다. 그날은 장마가 시작되어 할아버지와 오후에 약속을 잡을 수 있었다. 비가 오면 밭일을 쉬어야 하니까.

우리는 조금 일찍 도착하여 할아버지 텃밭과 집을 돌아보았다. 대문 옆 열린 창고에는 경운기와 농기구가 깔끔하게 정돈돼 있다. 상단에는 오늘 취재할 여러 가지 파가 양파 망에 담겨 가지런히 매달려 있다. 텃밭도 상당히 깔끔하다. 보통 부부가 사는 집은 대체로 이렇게 깔끔하다. 토종 씨앗을 찾아 마을 구석구석을 돌아다니다 보면 집들의 차이와 특징이 잘 보이게 마련이다.

얼마 지나지 않아 할아버지가 오토바이를 타고 빗속을 뚫고 왔다. 이기태 할아버지도 양한석 할아버지처럼 젊게 사는 것 같았다.

"일 하시고 오세요? 주말에만 시간이 된다고 하셔서요."

할아버지는 비가 내리는 터라 우리를 거실로 안내했다.

"복지관에 다녀. 당구 치고, 게이트볼 하고. 내가 잘 가르쳐 인기가 있지."

복지관이 쉬는 주말을 제외하고 대부분 그곳에서 시간을 보낸다.

"마누라는 친목회 총무가 오라 해서 거기 갔어. 집에 안 붙어 있어. 이 집에서 뭐 먹고 저 집에서 뭐 먹고. 그런 재미로 지내지."

안팎으로 재밌게 사는 듯하다.

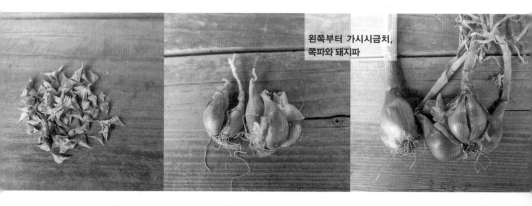

왼쪽부터 가시시금치,
쪽파와 돼지파

"젊어서는 농사를 많이 지었지. 지금은 땅을 묵혀도 농사짓는
만큼 돈이 나와. 아무것도 안 심어도 돈이 나오지."

여유 있는 노후 생활이다.

이기태 할아버지는 낙농업으로 자식들을 대학 교육까지 시켰
다. 낙농업 초창기 세대로 젖소 20마리를 사육해서 우유를 우유 회사
에 공급했다. 지금은 사료를 사서 먹이지만 그때만 해도 사료를 직접
재배할 수 있는 땅이 2천 평은 있어야 했다. 당시 젖소 한 마리에 400
만 원이어서, 소 팔아서 교육비 대고 땅도 살 수 있었다. 금값인 소를
20마리나 키웠으니 돈 걱정 없이 살았다는 말이 납득이 되었다.

할아버지는 낙농이든 종자 관리든 모두 당신이 알아서 했다고
한다.

"여자들 일 왜 시켜? 내가 다 해. 큰 기계 안 샀어. 큰 기계 사면
그게 다 빚이라서. 이날 이때가지 경운기로만 다 했어."

실익을 꼼꼼히 따져가며 '분수에 맞는' 농사를 지었던 할아버지
의 모습이 집안 구석구석에서 보인다. 할아버지가 손수 하는 작은 비

닐하우스는 낡았지만 정돈이 잘돼 있어 예쁘기까지 했다. 하우스 가장자리에 더덕도 자라고 있었다. 밭이든 하우스든 창고든 곳곳에서 할아버지의 꼼꼼함이 묻어나왔다.

"내가 직접 다 하지. 내 손으로 한 건데."

할아버지는 양파망에 걸려 있는 쪽파 중에 알이 굵은 것을 가리키며 '돼지파'라고 알려주었다.

"돼지파는 양념으로 들어가는 거예요. 김치 담글 때 쓰고. 심는 시기는 같아요. 김장배추 뽑을 때 같이 수확하는 거지."

맛의 차이는 어떨까?

"알이 굵으니까 싱싱한 게 잎이 크지. 돼지파가 향이 더 진해요. 일반 쪽파는 그냥 그렇고, 돼지파는 맛이 특이해요."

돼지파는 며느리의 친정인 양감에서 계속 재배해 온 것을 가져와 5년 동안 재배한 것이고 쪽파는 평생토록 한 것이다.

쪽파에 대해서 더 궁금해졌다.

"어느 할머님은 예전부터 대물림한 쪽파는 둥글둥글하다고 하시던데요."

"잘되면 알도 굵고 싱싱하고 그런 거고, 그전에 알이 잘면 자체가 전부 잘지. 심을 적에 한 개씩 심어야 해. 두세 쪽을 한꺼번에 심으면 쪽 지고 잘아져."

할아버지는 파종할 때 차이라고 했다.

돼지파는 머리가 굵고 둥글어 북한에서는 '둥근파'라고 한다. 잎도 크고 키도 큰 편이다. 일본의 염교와도 비슷하다.

"쪽파와 아예 종이 다른 걸까요?"

통통한 돼지파 씨앗(구근)을 보여주는 이기태 할아버지

"글쎄."

양파 망에 뿔시금치(가시시금치) 씨앗도 많이 받아 놓았다. 봄, 가을에 파종하는데 2월에는 지온이 낮아 비닐 멀칭을 하고, 가을에는 콩 수확 뒤에 파종을 한다. 시금치는 나물 외에는 특별하게 이용하는 것이 없다.

옛날 옥수수도 엄청 많이 걸려 있는데 모두 종자라고 했다. 파 뿌리와 옥수수수염도 말려 양파 망에 담아두었다. 감기 기운이 나거나 목이 칼칼할 때 물 끓여 마신다고 한다.

"삶아 먹으면 좋아. 감기약이지. 소변 같은 거 조절해 주고. 파

뿌리가 좋은 거야."

할아버지의 돼지파, 쪽파 씨뿌리, 옥수수, 시금치 씨앗 모두 상당한 양이 채종돼 있는 걸 보니 입이 쩍 벌어졌다. 할머니는 손이 크고, 할아버지는 깔끔한 것 같다. 할머니를 만나보지 못했지만 부창부수일 것이다. 많아야 많이 나눌 수 있으니까.

할아버지 텃밭에는 상당히 많은 상추와 아욱이 자라고 있었다.

"우리 집사람이 친구가 많아. 친구들도 주고, 4남매 애들한테도 계속 대주느라 그래. 나눠주는 재미로다가 하는 거야. 김장도 많이 해서 다 나눠줘."

할머니의 손이 큰 게 인기 비결이라고 한다.

"사람이라는 게 서로 그런 재미로 사는 거 아니야. 그렇게 친해지는 거고, 즐겁게 살고, 우애 있게 사는 게 사람 사는 본의 아니야."

# 가만 있으면 뭐 해,
# 풀이나 매는 거지

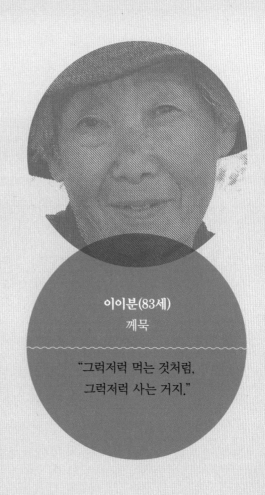

이이분(83세)
깨묵

"그럭저럭 먹는 것처럼,
그럭저럭 사는 거지."

햇볕이 따가운 초여름 한낮이다. 당연히 집에 계실 것이라 생각하고 갔지만 손자들만 있고 할머니는 없었다. 텔레비전을 보며 놀던 손자들은 "할머니는 항상 밭에 있어요."라며 밭을 알려준다. 이이분 할머니는 경로당 앞에 있는 200여 평 정도 되는 밭의 모퉁이에서 엉덩이 방석을 깔고 김을 매고 있었다.

"이 더운 날에 밭에서 일을 하셔요?"

"집에 있어 봐야 뭐 해. 풀이나 매는 거지. 풀이 너무 많아."

비닐 깔린 밭고랑에는 풀 한 포기 찾아보기 어려울 정도로 깔끔했다. 굳이 풀을 찾으려면 밭 가장자리에 약간 자라고 있을 뿐이다. 할머니 말씀대로 특별히 할 일이 없어 풀매기를 하는 것이리라.

할머니는 그 연세에도 몸이 불편해 보이지 않았다. 그럭저럭 아픈 데 없이 건강한 편인 할머니는 이 마을을 평생 떠나 본 적이 없다.

"요기가 친정이고 저기로 시집을 갔슈. 저 아래 윗집이었슈."

할머니가 손가락으로 가리키는 곳은 직선거리로 이삼백 미터쯤이었다.

24년 전 할아버지가 57세에 교통사고로 돌아가신 뒤, 논농사는 남에게 빌려주고 밭농사만 지어 왔다. 할머니의 말투는 높낮이 없이 평온하고 간결했다.

깨묵은 우리나라 각지에서 자생하는 국화과 산채다. 이이분 할머니가 시집온 뒤 마을 어른들이 캐는 걸 보고 가져와 울타리에 심었다. 며느리에게 먹는 방법을 알려주었더니 집 주변에 널리 퍼져 있는 것을 시장에 내다 팔았는데 인기가 좋았다고 한다. 그러면 재배를 했을 법한데 할머니나 며느리는 특별히 욕심을 내지 않았다. 시장에 내

다 팔 때는 봄과 가을, 두 철에 뿌리째 캐어 팔았다.

할머니를 만난 날이 6월 초순이었다. 집 근처에 자라는 께묵을 살펴보니 잎과 키가 작은 편이다. 봄에는 키도 뿌리도 잘지만 가을에는 크다고 했다.

"지금도 먹을 순 있지만 가을에는 더 커서 데쳐서 고추장과 기름을 넣고 무쳐 먹어요."

께묵 꽃은 언제 피나요, 하고 여쭈었더니 할머니 대답이 걸작이다.

"모르겠어요. 꽃피는 걸 누가 적어 놓나. 지들이 피었다 지니…"

작물이 아닌 바에야 나물을 해먹을 즈음에 캐어 먹을 뿐이다. 주변에서 자라고 씨 내리는 다년생 들풀이니 주의 깊게 보지 않으면 모를 수 있겠다 싶었다.

나는 2016년에 할머니한테 받은 께묵 두 뿌리를 심었다. 가을이 되니 키가 무척 크게 자랐고 망초 같은 꽃이 피고 열매를 맺었다. 씨앗을 받은 건 잃어버리고 올봄에 저절로 떨어진 씨앗에서 새순들이 나왔다. 올 가을에는 께묵을 먹어볼 수 있을지 모른다.

할머니는 초고추장에 무쳐 먹는 것 외에 다른 방법은 모른다고 한다. 그저 몸에 좋다는 말씀만 연신 한다.

"사람한테 쓴 게 그렇게 좋대요."

내 경험으로 씀바귀나 민들레처럼 쓴맛 나는 산나물은 대체로 초고추장에 무쳐 먹는다. 매운 단맛과 신맛이 함께 어우러지면서 쓴맛을 약화시키는 것 같다.

할머니는 봄에는 새순만 뜯어다 먹는데 밑동도 먹을 수 있어서 뿌리까지 캐다 팔았고, 가을에는 뿌리가 크니까 씀바귀처럼 뿌리를 캐다 팔았다.

씀바귀 김치도 있으니 혹시 김치를 담가 먹을 수 있는지 물어보았다.

"잘 먹을 수 있는 사람은 그렇게도 하겠지."

질문을 하면 대답이 짧고 간결하다. 그러다 가끔 되묻기도 한다.

"쓴 걸 먹으면 입맛이 돈다 하죠?"

다른 지역에서는 보통 께묵이라고 부른다고 했더니 할머니는 여기서는 그냥 '끼묵'이라고 부른다고 한다. 할머니는 마치 새색시처럼 말했다. 수줍어서 짧게 몇 마디 전하고 마는, 실은 매우 겸손한 말투였다.

할머니는 께묵이 더 필요하면 가져가라고 했다. 우리는 사진 촬영 때문에 께묵을 캐어 보자고 했다. 집에서 삽과 비닐을 꺼내 왔다. 삽이 '푹' 들어갔다. 담벼락 아래 비스듬한 언덕 옆에 께묵이 자라고 있는데, 그 옆에는 하수도 도랑이 있다. 그래서인지 흙에 물기가 남아 있었다.

"잡초처럼 잘 번지니까 가져갈 만큼 가져가요."

기다란 뿌리를 한 움큼 캐고 사진을 찍었다. 할머니는 캐낸 께

잡초처럼 잘 번지며 자라는 께묵을 넉넉히 캐서 내주신 이이분 할머니

묵을 비닐에 담는다. 할머니의 손은 소리 없이 차분하고 야무지게 움직인다. 할머니가 어떻게 살아왔는지가 깨묵을 담는 손에 고스란히 드러났다. 이이분 할머니의 '끼묵'은 곡성 내 밭으로 건너와 잘 자라고 있다.

# 100살 넘은
# 시금치 씨앗

**홍연표(73세)**
두벌줄콩, 조선시금치, 청갓, 인두마마콩

"떡장수 할머니가 콩을
퍼트리고 돌아가셨어."

시골 마을회관은 주로 경로당과 겸해 있는 경우가 많다. 농번기를 제외하고는 혼자 사는 노인들이 겨울 난방비를 절약하려고 마을회관에 모여 텔레비전을 보거나 오락거리를 한다. 텃밭조차 하지 않는 연세 많은 노인들은 농번기에도 아침부터 저녁 식사 전까지 마을회관에서 소일한다. 토종 씨앗을 수집하러 다닐 때도 한여름에는 오전 11시부터 오후 3시경까지, 겨울에는 저녁 식사 시간 전까지 마을회관에 가면 다양한 정보를 얻을 수 있다. 시골 노인들에게 마을회관은 여론을 접할 수 있는 중요한 장소이다.

우리가 만나기로 한 홍연표 할머니도 새벽 5시에 기상해서 텃밭 일을 하고 오전 8시에 집에 들어와 아침밥상을 차린 뒤 낮에는 주로 마을회관에서 지낸다. 해거름 녘에 다시 텃밭으로 나가 일을 한다. 점심시간 이후 마을회관에서 할머니를 만났다. 마을회관에는 마을의 여러 분들이 모여 텔레비전을 보고 있었다.

2017년 화성시 토종 씨앗 조사에서 할머니로부터 두벌줄콩과 조선시금치를 수집했다. 씨앗 수집을 하다 보면 두벌줄콩은 흔하게 나온다. 조금씩 해서 밥에 넣어 먹기도 편하고 재배가 어렵지 않기 때문이다. 남달리 두벌줄콩에 얽힌 얘기가 듣고 싶어 할머니를 찾았다.

두벌줄콩은 한 해 두 번 파종할 수 있다 하여 두벌줄콩이라고 한다. 4월에 파종해서 7월에 수확하고, 수확한 즉시 다시 파종하여 10월에 수확한다. 홍연표 할머니는 4월에 한 번만 심는다.

할머니가 보전하는 강낭콩은 세 종류다. 하나는 흰 바탕무늬에 빨간 줄이 있는 울타리콩으로 친정어머니로부터 대물림한 것이다. 또 다른 하나는 지금 살고 있는 향남 마을에서 떡장수를 했던 할머니

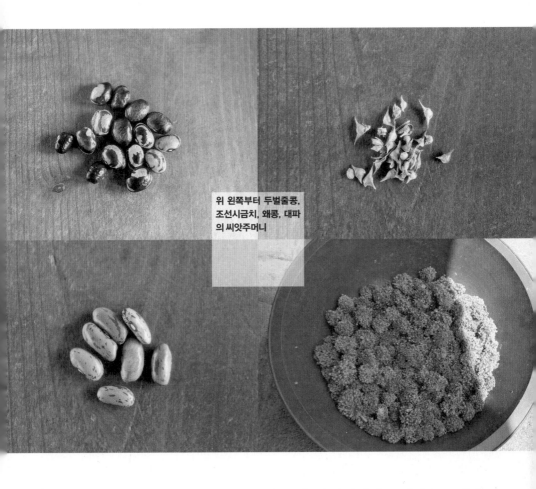

위 왼쪽부터 두벌줄콩, 조선시금치, 왜콩, 대파의 씨앗주머니

로부터 물려받아 심은 것이다. 떡장수 할머니에게 물려받은 두벌줄콩은 키가 작은 호랑이무늬강낭콩과 붉은강낭콩이다. 이 두 가지를 모두 '왜콩'이라고도 부른다. 보통 키가 작은 콩을 왜콩이라고 부른다. 이 콩을 나눠준 떡장수 할머니는 콩을 퍼뜨리고 돌아가신 지 50년이 되었다. 홍연표 할머니 연세가 일흔셋이니까 스물넷에 평택에서 향남으로 시집을 오자마자 떡장수 할머니로부터 받아 심은 것이다.

모두 친정과 마을에서 대물림된 콩으로 밥에 넣어 먹는 것 외에 어떻게 해먹었을까 궁금했다.

"옛날에는 밀을 심었으니까 밀가루를 개어서 강낭콩을 얹어 쪄 먹었어요. 시루에 베 보자기 깔고."

또 할머니에게는 시어머니로부터 대물림한 조선시금치가 있다. 흔히 뿔시금치라고 부르는데 화성에서는 가시시금치라고도 한다. 씨 앗에 가시가 있다고 해서 가시시금치라고 하고, 다른 지역에서는 씨앗이 뿔처럼 생겼다고 해서 뿔시금치라고 부른다. 가시시금치를 계속 받아온 햇수를 따지니 100년이 넘었다. 한 세기를 넘어선 것이다.

떡장수 할머니에게 얻은 왜콩을 50년 동안 심어온 홍연표 할머니

이곳 향남에서는 가을에 시금치 씨앗을 뿌려놓고 겨울 지나 초봄에 올라오면 먹는다. 봄에 뿌린 것은 금방 꽃대가 올라와서 봄에 뿌리지 않는다. 더구나 가을에 심어 동면한 시금치가 훨씬 맛있다. 오래된 옛날 시금치가 유지되는 것은 개량 시금치보다 맛이 월등하게 좋기 때문이다. 홍연표 할머니는 시금치로 보통 나물과 국을 해먹지만 가끔 죽을 끓여 먹기도 한다.

시어머니로부터 물려받은 씨앗으로 가시가 없는 청갓이 있다. 김장 배추 심고 난 뒤 9월에 심어 11월에 수확해 김장 김치 속 재료로 사용한다. 갓을 좋아하는 사람은 청갓만으로 김치를 해먹기도 한다. 동치미는 보통 청갓보다 붉은색이 우러나는 적갓을 선호하지만 홍연표 할머니는 청갓으로 동치미도 담그고 김장 김치 속으로 이용한다.

할머니의 친정인 평택에서는 황파를 어떻게 부르는지 여쭸더니 똑같이 황파라고 부른단다. 겨울에 얼어 죽고 잎이 뻣뻣한 개량 파와 달리 황파는 겨울에 얼어 죽지 않고 향이 더 좋으며 잎이 연하다고 한다.

2017년에 할머니로부터 인두마마콩이라고 불리는 완두콩을 수집했기에 씨앗 이름의 연원을 다시 물어보았다.

"사연은 모르지만 마르면 쪼글쪼글해져서 인두마마콩이라고 부른 것 같아요. 어렸을 때 엄마가 인절미에 묻혀 주면 그렇게 맛있더라고. 완두콩을 쪄서 인절미에 통으로 묻혀요. 인절미가 찹쌀이라 잘 붙어요. 인절미를 깔고 완두콩 놓고 다시 인절미 올리고 완두콩 올리고 계속해서 쌓아 올려요."

홍연표 할머니는 토종 음식에 대한 추억을 많이 갖고 있었다.

특히 더운 여름날 먹었던 국이 생각난다고 한다. 토종 밀을 재배했을 때, 먹었던 장국이 있다. 밀가루를 밀어 칼국수를 만들고, 파, 마늘 넣고 간장으로 간을 해서 먹었는데 칼국수가 아닌 장국이라고 불렀단다. 평택에서는 여름에 장국을 많이 먹었다고 한다.

장국, 처음 들어본다. 뜨거운 여름날에 장국이라. 할머니와 헤어지고 어디 장국 먹을 데가 없을까 궁리를 해본다. 집에서 해먹어 볼까?

# 시대를
# 읽는
# 농사

**김진규(84세), 한천순(84세)**
검은팥, 조선아욱, 수원딸기

"그저 내년에 또 심으려고
씨앗을 받는 거야."

한천순 할머니는 화성시 우정면에서 살다가 스물한 살 봄에 봉담읍 지금 사는 곳으로 시집을 왔다. 음력 2월에 시집오자마자 콩을 심기 시작했다. 올해 연세 여든넷, 평생 농사를 지었다.

"음력 2월에 시집을 와서 바로 콩을 심었어. 그때 한 것을 이날 이때까지 하고 있는 거야."

보통 논농사 밭농사를 하는 집에서는 소를 키워 돈을 마련하곤 한다. 그런데 김진규 할아버지는 소를 키우는 대신 '돈이 되는 농사'에 몰입했다. 60년대 서울 근교 농업의 장점을 활용하여 '오이'를 심어 서울에 공급했다. 지금은 오이를 비닐하우스에서 재배하지만 60년대에는 밭에서 농사를 지었다. 비닐하우스가 나온 것은 70년대 이후이다. 씨를 받아 왔던 조선오이와 달리, 개량 오이는 노각이 되지 않고 파란 상태에서만 수확한다. 기다랗고 얇고 껍질에 가시가 촘촘히 있는 이른바 '가시오이' 품종은 조선오이를 먹어왔던 도시 소비자들에게 신선한 인기를 누렸다.

조선아욱이 발아한 모습(왼쪽)과 검은팥(오른쪽)

"주변에서 나 혼자 했어. 그걸 팔아서 땅을 샀지."

선두주자의 특수를 톡톡히 본 셈이다. 가시오이가 선풍적인 인기를 얻자 사람들이 너도나도 달려들었다. 김진규 할아버지의 호황을 보고 주변 농가에서도 가시오이를 키우기 시작한 것이다.

할아버지는 재빨리 다른 종목으로 방향을 틀었다. 70년대에는 '딸기'로 승부를 걸었다. 서울대학교 농과대학이 있는 수원은 당시 농촌진흥청 등 농업기술의 본산지였다. 개량 딸기가 등장하여 수원 일대에는 대규모 딸기 재배지가 생겨나기 시작했다. 딸기는 유통기간이 짧고 수송이 불편해서 도시 인근에서 재배할 수밖에 없었다. 할아버지는 '수원딸기'로 돈을 벌었다.

80년대에는 조경수로 눈을 돌렸다. 그 무렵 서울을 중심으로 도시 경관을 중요시하는 개발이 줄줄이 이어졌다. 특히 88올림픽 준비는 엄청난 특수였다. 조경수 바람을 타고 돈을 벌었는데 그 뒤로는 큰 변화 없이 조경수를 심어오고 있다. 김진규 할아버지는 시대 흐름을 잘 읽으며 거주지의 장점을 충분히 살린, 그야말로 농업 경영의 귀재였다.

토종으로 인정받는 수원딸기는 '대학1호' 딸기라고도 부른다. 요즘의 개량 딸기는 하우스에서 온도를 맞춰 재배하여 2월에 출하하는 딸기다. 당시에는 비닐하우스가 없었고 시설이 하나도 돼 있지 않아 밭에서 키운 계절에 맞춘 딸기였다. 단지 열매를 좀 더 크게 개량하였고 마디를 잘라 다시 심으면 이듬해 또 나왔다. 밭에서 몇 해 묵으면 잘 되지 않아 마디에서 뿌리가 내리면 잘라서 또 심는 마디 번식 딸기였다. 요즘 도시 텃밭에 심어 먹는 딸기의 대부분이 70년대 수원에서 재배되던 딸기다. 이렇게 할아버지가 '돈벌이' 농사에 집중하는 동안 할머니는 자급 농사에 집중했다.

지금 할머니가 농사짓고 있는 토종 작물은 녹두, 조선아욱, 붉은팥, 알록달록팥 그리고 검은팥이다. 계속 채종을 해서 심어온 이유는 내년에 또 심기 위해서였다. 검은팥, 할머니가 부르는 '까만팥'은 주로 수수부꾸미 속 팥소로 먹었다. 가끔 검은팥죽도 만들었다.

"검은팥을 물에 담갔다가 껍질을 벗겨서 푹 삶으면 꺼멓게 울거져."

특별히 어디가 좋아서가 아니라 팥이니까 죽을 해먹었다. 사실 붉은팥이 보기도 좋아 죽은 주로 붉은팥으로 해먹기는 한다. 검정팥은 있으니까 심었고, 내년에 심기 위해 또 심을 뿐이다.

조선아욱은 반찬용으로 조금 심는데 할머니의 아욱은 개량 아욱과는 달리 잎이 좁은 것이다. 아욱이 잘 되면 줄기도 굵고 잎이 무성하다. 조선아욱은 주로 국 끓여 먹는다. 국을 끓일 때 아욱을 손질하여 물에서 주무르면 미끈미끈한 것이 없어져 국 건더기가 부드럽다고 한다. 할머니는 조선아욱과 검은팥 외에는 농사를 거의 짓지 않아서 별것 없다고 했다.

두 분과 얘기를 나누는 중에 집 바로 옆에서 전철이 지나가는 소리가 들렸다. 두 분은 익숙한지 개의치 않아 했다. 내 집 앞에 뭔가가 들어서 어느 날 갑자기 편하게 살지 못하게 된다면 하고 상상하니 마음이 아팠다.

"이제 곧 죽을 텐데. 그냥 이렇게 사는 거지."

두 분 대답은 항상 간명하다.

"그냥, 그렇게."

삶도 말씀도 간명한 김진규 할아버지와 한천순 할머니, 아래는 검은 팥밭

# 씨앗 뿌리기의
# 묘미

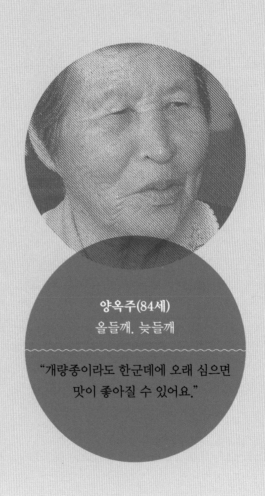

양옥주(84세)
올들깨, 늦들깨

"개량종이라도 한군데에 오래 심으면
맛이 좋아질 수 있어요."

2017년 한여름, 폭염이 기승을 부리는 가운데 마을 곳곳을 돌아다니며 토종 씨앗 조사가 이루어졌다. 수집에 참여한 사람들도 지치고 우리를 맞이하는 할머니들도 더위에 방문객을 꺼려했다. 점심시간 후 할머니들이 모여 있는 마을회관으로 들어갔다. 할머니들은 삼삼오오 건강 기구를 이용하면서 오순도순 얘기를 나누고 있었다.

토종 씨앗 얘기를 꺼내니 처음엔 '그런 것이 어디 있냐'고 반문했다. 그런 반응은 대체로 일반적이다. 우리 팀은 폭염에 조금 쉴 겸 할머니들에게 '들깨나 녹두를 대물림해서 계속 농사를 짓는 것'이라고 풀어서 얘기해보았다. 그제야 할머니들은 '이 할머니, 저 할머니'를 가리킨다. 이렇게 만난 할머니가 바로 양옥주 할머니다.

양옥주 할머니는 시집오기 전에 화성시 마도면 백곡리에서 살았다. 육이오전쟁을 겪고 친정에서 농사를 짓다가 스물두 살에 현재 살고 있는 남양리로, 5남매 맏며느리로 시집을 왔다. 시댁은 논 3천 평과 밭 천 평 농사를 지었는데 지금은 자식과 더불어 3대가 살면서 1만 평 이상 농사를 짓고 있다.

예전에는 남자들이 논농사를 짓고 여자들은 살림과 더불어 밭농사를 했는데 양옥주 할머니는 아이들을 키워놓고 시어머니로부터 농사를 배웠다. 당시에는 무, 배추, 콩, 감자, 강낭콩 등 대부분 대물림된 씨앗으로 농사를 지었다.

당시 시어머니와 심었던 무는 길고 매운 하얀 무였는데 지금은 종묘사에서 봄무 씨앗을 사서 심는다. 부드럽고 맛있다고 한다. 배추도 '고갱이가 노라스름한 것'이 달콤하고 맛있는, 속이 노란 배추 씨앗을 사서 심는다. 사실 할머니 입장에서는 조선배추 고갱이가 그립긴

하지만 요즘 배추가 훨씬 더 부드럽고 맛있다.

할머니들이 백이면 백 토종 녹두를 예찬하는데 양옥주 할머니도 예외는 아니었다. 신품종은 알이 굵지만 맛이 덜하고 토종 녹두는 알이 작지만 고소하고 맛있다고 한다. 햇녹두로 떡고물을 만드는데 물에 불려 껍질을 벗기고 찌면 노르스름한 빛깔이 좋고 맛있단다. 할머니는 녹두로 떡고물을 자주 해 먹는다.

"녹두 껍질을 벗겨 시루에 찌기도 하고 냄비에 삶기도 해요. 자작하게 해서 불을 떼야 떡고물이 잘돼요. 쪄서 묻히고 그냥도 묻히고, 색깔이 노라스름하니 이뻐요. 인절미나 시루떡 위에 부어 놓기도 하구요."

사분사분하게 말하는 할머니의 얘기를 듣고 있노라니 당장 먹고 싶다는 생각이 불쑥 들었다. 녹두떡이 먹고 싶어 떡집을 찾아도 녹두 대신 동부를 사용하거나 중국산을 사용하여 그 맛을 느끼기 어렵다고 했다.

중국산보다 가격이 비싸다는 이유로 개량종조차 외면당하는 것이 한국 농업의 현실이다. 제아무리 토종이 맛있다 해도 떡집에서 만나기란 하늘의 별따기일 것이다.

할머니는 토종만 좋다고 하지는 않는다. 개량종이라도 토양에 정착하는 과정을 거치면 괜찮다고 했다.

"개량종이라도 한군데에 오래 심으면 맛이 괜찮아질 수 있어요."

할머니의 경험에서 나온 말이다. 할머니가 중국 여행에서 깨와 서리태를 사와 심은 적이 있는데 몇 년을 씨앗을 받아 계속 심으니 맛

빨리 수확하는 올들깨
(왼쪽), 늦게 심어 늦게
수확하는 늦들깨

이 고소해졌다고 한다.

"여기 것보다 아주 나쁘진 않아요."

어떤 종자라도 채종 가능한 것이면 자신의 땅에 계속 심어 토착시키는 것이 중요하다고 말하는 것 같았다. 씨앗은 환경과 토양에 적응한다. 채종 가능한 씨앗으로 계속해서 농사를 지으면 시간이 흘러 그것이 토종이 되지 않을까? 토종을 복원하려는 궁극적 이유는 농부가 씨앗을 받아 심는 것을 일상화하려는 것이 아닐까?

할머니와 재배하는 작물에 관한 이야기를 이어나갔다. 할머니는 올들깨와 늦들깨를 한다.

"깨를 한 가마니 정도 하는데 늙으니까 혼자 못하겠어요. 6월 말경이나 7월 초에 심고, 늦들깨는 7월 말에 심어요. 올들깨가 일찍 영글어 수확해서 떨고 나면 늦들깨를 수확해요."

올들깨와 늦들깨가 따로 있는 것이 아니라 한 가마니를 하기 위해 파종 시기를 달리하면 된다고 한다. 올들깨는 늦들깨보다 20일 정도 일찍 수확한다. 한꺼번에 심으면 갈무리하는 데 힘이 들어서 나누어서 파종하여 수확한다는 것이다.

　그래도 영그는 시기가 다른데 차이가 있지 않을까 싶어 여쭈었더니 늦들깨는 굵고 회색빛이 진하고 올들깨는 색이 옅고 작지만 기름 맛과 소출은 비슷하다고 한다. 나눠서 파종하고 수확하는 것의 장점은 새 피해를 조금이라도 줄일 수 있다는 것이다. 들깨도 새 피해가 많은 편인데 수확 후 3일 만에 털 수 있으니 새 피해가 훨씬 줄어든다. 밭에 들깨를 뉘여 놓고 망을 씌워 새나 쥐의 피해를 줄이는데 혹여 또 다른 방법이 있을까 여쭈었지만 뾰족한 방법은 없다고 한다. 할머니는 아예 깨 모종을 포트 파종을 해서 하우스에서 길러낸다고 한다.

　그 외 마늘과 쪽파, 황파 등을 계속 받아서 해오고 있다. 육쪽마늘은 계속 심으면 쪽수가 많아지고 마늘종이 많이 올라오므로 주아를 받아서 다시 심으면 육쪽마늘이 나온다고 한다. 쪽파는 마늘처럼 그런 현상은 없다. 황파는 재래종은 아니지만 언젠가부터 계속 심어온 것이라고 했다. 황파도 겨울을 나고 봄에 잎을 먹을 수 있지만 더 일찍 먹으려면 재래종, 옛날 파를 심어야 한단다.

　양옥주 할머니뿐만 아니라 여러 할머니들이 예전의 농사와 삶의 지혜를 얘기할 때 '옛날에는 다들 머리가 좋았던 것 같다'고 회고한다. 그 이유를 나도 절감한다. 나도 토종 씨앗 농사와 돈이 들지 않는 자립적 삶을 살면서 머리가 더 좋아지는 것 같다. 이유는 간단하다. 매사에 돈을 들이지 않고 하려니 자연을 이용하기 위해 머리를 쓰기 때문이다. 지금 시대는 내가 원하는 것을 돈으로 사면 되고, 대부분 기계나 전기가 해주니 머리를 쓸 필요가 없다.

모든 것을 손수 만들어야 했던 삶은 한편으로는 고달팠지만, 그만큼 머리가 좋아지는 삶이지 않을까? 결국 새것만 취하고 헌것을 버렸던 우리가 다시 헌것을 찾아 나선 이유가 여기에 있는 게 아닐까….

옛날 사람들이 오히려 머리가 좋다고 하시는 양옥주 할머니

## (재)화성푸드통합지원센터

경기도 화성시 봉담읍 서봉산길 10번지
전화 (031) 278-3600
전송 (031) 278-3601
(재)화성푸드통합지원센터는 2007년 경기도 화성시 산하 '화성시농산물유통사업단'이라는
명칭으로 발족해, 농산물 직거래장터 운영과 학교급식 식자재 공급을 맡아 오다가 안전한
'지역 먹거리(로컬푸드)'를 위해 2016년 재단법인 화성푸드통합지원센터로 새롭게 출범했다.
현재 6개의 로컬푸드 직매장을 운영하고 있으며, 생산관리, 홍보마케팅, 공공급식 업무를 펼
치고 있다. 2016년부터 화성시의 토종 씨앗을 수집하고 로컬푸드 직매장을 통해 토종 씨앗
과 토종 농산물을 알리는 활동을 꾸준하게 펼치고 있다.

(재)화성푸드통합지원센터 로컬푸드 직매장

### 1. 화성로컬푸드 직매장(봉담본점)
주소 화성시 봉담읍 서봉산길 10(덕리7번지)
운영시간 AM8:00 ~ PM20:00 대표전화 031-8025-4666
특징 토종농산물 판매, 수산물 코너, 소비자 팸투어

### 2. 화성로컬푸드 직매장(능동점)
주소 화성시 동탄숲속로 35번길 10(능동 536)
운영시간 AM8:00 ~ PM20:00 대표전화 031-8043-3693
특징 2층 '키움'(우리밀 빵집), 카페테리아 휴게실

### 3. 화성로컬푸드 직매장(화성휴게소점)
주소 화성시 팔탄면 서해안고속도로 302(화성휴게소 상행선내)
운영시간 AM8:00 ~ PM20:00 대표전화 031-8043-4482
특징 휴가객을 위한 농민참여 시식코너 상시 운영

### 4. 화성로컬푸드 직매장(금곡점)
주소 화성시 동탄면 금곡로 203(금곡동 340-4번지)
운영시간 AM8:00 ~ PM20:00 대표전화 031-8025-4668
특징 즉석반찬 코너, '집밥의 정석' 반찬·도시락 배달서비스

### 5. 화성로컬푸드 직매장(동화점)
주소 화성시 봉담읍 동화길6(동화리 426-2번지)
운영시간 AM8:00 ~ PM20:00 대표전화 031-8004-0811
특징 '농부의 마음' 즉석두부,콩물,깨강정 판매, 시민자원봉사 연계

### 6. 화성로컬푸드 직매장(어울림점)
주소 화성시 동탄대로시범길 133(청계동 530번지)
운영시간 AM9:00 ~ PM20:00 대표전화 031-8043-3692
특징 시민SNS홍보단 활동, 즉석반찬 코너

# 화성에서 만난 오래된 씨앗과 지혜로운 농부들

**1판 1쇄 펴낸 날**  2018년 11월 21일
**기획**        (재)화성푸드통합지원센터
**지은이**      변현단
**펴낸이**      송영민
**교정교열**    박찬석
**디자인**      DesignZoo 장광석
**펴낸곳**      시금치
**등록**        2002년 8월 5일 제 300-2002-164호
**주소**        서울시 마포구 서교동 333-7번지 501호
**전화**        02-725-9401
**전송**        0303-0959-9403
**페이스북**    https://www.facebook.com/spinagebook/
**전자우편**    7259401@naver.com
**ISBN**        978-89-92371-58-2 03520

이 도서의 국립중앙도서관 출판예정도서목록(CIP)은 서지정보유통지원시스템 홈페이지(http://seoji.nl.go.kr)와
국가자료공동목록시스템(http://www.nl.go.kr/kolisnet)에서 이용하실 수 있습니다.(CIP제어번호: CIP2018036201)